# C 语言程序设计

主 编　王学艳　赵丽霞　王　丹
副主编　李昊凌　母涵予

北京理工大学出版社
BEIJING INSTITUTE OF TECHNOLOGY PRESS

## 内 容 简 介

本书总结了作者多年的教学和软件开发经验，重点介绍了 C 语言的基本语法、各种数据类型、程序设计的方法及文件操作。本书的每个例题都按照提出问题、分析解题思路、编写源程序、程序运行结果几个步骤展开，并对相关知识点进行说明，符合读者的认知规律。

本书结构清晰，内容循序渐进，难点分散。书中实例丰富，通过大量例题验证语法，说明程序设计方法。本书可作为高等学校相关专业教材，也可作为自学者或各种计算机培训教材。

### 图书在版编目（CIP）数据

C 语言程序设计 / 王学艳，赵丽霞，王丹主编. —北京：北京理工大学出版社，2020.8

ISBN 978-7-5682-8845-3

Ⅰ. ①C… Ⅱ. ①王… ②赵… ③王… Ⅲ. ①C 语言-程序设计　Ⅳ. ①TP312.8

中国版本图书馆 CIP 数据核字（2020）第 140506 号

---

出版发行 / 北京理工大学出版社有限责任公司

社　　　址 / 北京市海淀区中关村南大街 5 号

邮　　　编 / 100081

电　　　话 /（010）68914775（总编室）

　　　　　　（010）82562903（教材售后服务热线）

　　　　　　（010）68948351（其他图书服务热线）

网　　　址 / http://www.bitpress.com.cn

经　　　销 / 全国各地新华书店

印　　　刷 / 三河市天利华印刷装订有限公司

开　　　本 / 787 毫米×1092 毫米　1/16

印　　　张 / 14.25

字　　　数 / 335 千字

版　　　次 / 2020 年 8 月第 1 版　2020 年 8 月第 1 次印刷

定　　　价 / 42.00 元

责任编辑 / 李　薇

文案编辑 / 赵　轩

责任校对 / 刘亚男

责任印制 / 李志强

图书出现印装质量问题，请拨打售后服务热线，本社负责调换

# 前　　言

随着计算机技术的发展与普及，越来越多的人热衷于计算机知识的学习。C 语言是一种结构化的程序设计语言，兼有高级语言和低级语言的功能，其程序设计功能强大，具有语法结构简洁、表达能力强、使用灵活方便等特点，既可用于编写应用软件，又可用于编写系统软件，是国内外广泛使用的计算机语言。

本书详细地介绍了 C 语言的基本语法规则和功能实现，内容分为 10 章，包括 C 语言概述、C 语言编程基础、顺序结构程序设计、选择结构程序设计、循环结构程序设计、指针、数组、函数、结构体和文件。

在本书的编写的过程中，编者特别注重解决语法和算法的问题，努力使本书成为易懂、专业、详细、实用的 C 语言教材和参考手册。

本书由长期从事 C 语言教学和实验的专业教师编写，参与编写的老师有辽宁理工学院的王学艳、赵丽霞、王丹、李昊凌、母涵予。本书的编写得到了辽宁理工学院各级领导的支持和帮助，同时许多教师为教材的编写提供了宝贵意见，在此表示衷心的感谢。

由于作者水平有限，书中难免存在疏漏或错误，恳请赐教指正。

编者

2020 年 3 月

# CONTENTS 目录

# 第1章

# C 语言概述

C 语言功能丰富、表达能力强、使用灵活方便、应用面广、目标程序效率高、可移植性好，既具有低级语言的特点，又具有高级语言的优点，既适于编写系统软件，又能用来编写应用软件。

20 世纪 90 年代以来，C 语言迅速在全世界普及推广，目前仍然是最优秀的程序设计语言之一。

## 1.1 程序设计语言

语言是思维的载体，人和计算机打交道，必须解决"语言"沟通的问题。计算机无法理解和执行人们使用的自然语言，而只能接受和执行二进制的指令。

计算机能够直接识别和执行的指令称为机器指令。机器指令的集合就是机器语言指令系统，简称为机器语言。为了解决某一特定问题，需要选用指令系统中的某些指令，将其按要求选取并组织成程序。程序是能够完成某一特定任务、实现某一算法的一组指令序列。

用机器语言编制的程序虽然能够直接被计算机识别并执行，但是机器语言随不同类型的机器而有差异，可移植性差。而且机器语言难学、难记、难懂、难修改，给使用者带来极大的不便。为了克服机器语言程序的缺陷，人们提出了程序设计语言的构想，使用人们熟悉和习惯的语言符号来编写程序，最好是直接使用人们的自然语言来编程。在过去的几十年中，人们创造了许多介于自然语言和机器指令之间的程序设计语言，如汇编语言（低级语言）和高级语言。

### 1. 汇编语言

汇编语言使用助记符号来替代二进制指令，比机器指令便于理解和记忆，但它和机器指令基本上是一一对应的，两者都针对特定的计算机硬件系统，可移植性差，是面向机器的低级语言。

### 2. 高级语言

高级语言与自然语言（主要是英语）类似，由专门的符号根据词汇规则构成单词，再由单词根据句法规则构成语句，每条语句都有确切的语义并能由计算机解释。

高级语言具有如下特点：（1）包含许多英语单词，有自然化的特点；（2）高级语言书写计算式接近于人们熟知的数学公式的规则；（3）高级语言与机器指令完全分离，具有通用性，一条高级语言语句相当于几条或几十条机器指令。

高级语言的出现给程序设计的形式和内容带来了重大变革，大大方便了程序的编写，提高了可读性。BASIC、C、Visual Basic、Visual C++、VB.Net、C#.Net、Java 等都是高级语言。

高级语言是不断发展变化的，不断有新的更好的语言产生，同时也有旧的语言因功能差、不再实用被淘汰。但 C 语言自产生以来，已历经 40 余年，依然具有强大的生命力与活力，是当今最热门、最实用的高级语言之一。

# 1.2　C 语言的发展及特点

C 语言的根源可以追溯到 ALGOL 60。1960 年出现的 ALGOL 60 是一种面向问题的高级语言，离硬件比较远，不宜用来编写系统程序，因此在 1963 年英国的剑桥大学推出了组合编程语言（Combined Programming Language，CPL）。CPL 是在 ALGOL 60 基础上发展起来的、接近硬件的语言，该语言规模比较大，难以实现。

1967 年，英国剑桥大学的 Matin Richards 对 CPL 进行简化，推出了基本组合编程语言（Basic Combined Programming Language，BCPL）。1970 年，贝尔实验室的 Ken Thompson 对 BCPL 进行简化，使 BCPL 更接近硬件，他取 BCPL 的第一个字母来命名，编写了 UNIX 操作系统。由于 B 语言过于简单，功能有限，并没有流行起来。1972—1973 年，贝尔实验室的 Dennis.M.Ritchie 在 B 语言的基础上设计了 C 语言，取 BCPL 中的第二个字母命名。1978 年以后，C 语言先后移植到大、中、小型计算机和微机上，已独立于 UNIX 操作系统。直到今天，C 语言仍被用于编写操作系统并作为计算机教育的程序设计语言。

1983 年，美国国家标准化协会（American National Standards Institute，ANSI）根据 C 语言问世以来各种版本的发展和扩充，制定了新的标准，称为 ANSI C。1988 年，Brian Kernighan 和 Dennis. M. Ritchie 按照 ANSI C 重写了《The C Programming Language》。1990 年，国际标准化组织（International Standard Organization，ISO）以 87 ANSI C 作为 ISO C 的标准（ISO 9899：1990）。目前流行的 C 语言编译系统都是以此为基础的。

20 世纪 80 年代末，Bjarne Stroustrup 和贝尔实验室为 C 语言添加了面向对象的特性，扩展出 C++语言。目前，C++语言已广泛应用于基于 Microsoft Windows 系统平台的商业应用程序的编写。

C 语言具有以下特点。

## 1. 语言简洁、紧凑，使用方便、灵活

C 语言只有 32 个关键字、9 种控制语句，主要用小写字母表示，压缩了一切不必要的成分。C 语言程序形式自由，语言简练，书写方便。

## 2. 运算符丰富

C 语言有 45 种运算符。C 语言把括号、赋值和强制类型转换等作为运算符处理，运算类型极其丰富，表达式类型多样化。灵活使用各种运算符可以实现其他高级语言难以实现的运算。

### 3. 数据类型丰富

C 语言提供的数据类型包括整型、浮点型、字符型、数组类型、指针类型、结构体类型和共用体类型等。尤其是指针类型数据，使用十分灵活，能用来实现各种复杂的数据结构（如链表、树、栈等）的运算。

### 4. 具有结构化的控制语句

C 语言中具有结构化的控制语句，如 if…else 语句、while 语句、do…while 语句、switch 语句和 for 语句等。用函数作为程序的模块单位，便于实现程序的模块化。C 语言是完全模块化和结构化的语言。

### 5. 语法限制宽松，程序设计自由度大

C 语言对变量的类型使用比较灵活，如整型数据与字符型数据、逻辑型数据可以通用。一个物理行可以写多个语句，一个语句也可以分在连续的多个物理行上。一般的高级语言语法检查比较严格，能检查出几乎所有的语法错误，而 C 语言为了使编写者有较大的自由度，放宽了语法检查，因此，程序员应当仔细检查程序，保证其正确，不要过分依赖 C 语言编译程序查错。

### 6. C 语言允许直接访问物理地址

C 语言既可以进行位操作，又可以实现汇编语言的大部分功能，直接对硬件进行操作，同时具有高级语言和低级语言的功能，可用来编写系统软件。

C 语言既是成功的系统描述语言，又是通用的程序设计语言。

### 7. 用 C 语言编写的程序移植性好

C 的编译系统简洁，很容易被移植到新的系统。标准链接库是用可移植的 C 语言编写的，C 编译系统在新的系统上运行时，可以直接编译标准链接库中的大部分功能，不需要修改源代码，因此，几乎在所有的计算机系统中都可以使用 C 语言。

### 8. 生成目标代码质量高，程序执行效率高

C 语言比一般的高级语言生成的目标代码质量高出约 20%，比汇编语言低 10%～20%。

## 1.3　结构化程序设计思想

一个好的程序要清晰易懂，有良好的结构，才能考虑使其运行速度尽可能得快，将运行所占的内存尽量压缩至合理。

## 1.3.1　结构化程序设计

结构化程序设计方法的基本思路是，把一个复杂问题的求解过程分阶段进行，每个阶段处理的问题控制在人们容易理解和处理的范围内。

结构化程序设计方法的核心包括以下内容：

（1）一个大型程序开发应当采用自顶向下、逐步求精的模块化方法；

（2）程序由顺序、选择、循环 3 种基本结构组成，即由基本单元顺序组成一个大结构。

采用结构化程序设计方法编制的程序从基本模块到整个程序，都必须满足结构化程序的标准，由模块串成而无随意地跳转，以保证良好的特性。程序模块应满足以下要求：

（1）程序只有一个入口和一个出口（有些选择结构有多个出口但只执行一个）；

（2）没有永远执行不到的语句，结构中的每一部分都应当在某种情况下有被执行的机会；

（3）没有死循环，即没有永远执行不完的循环。

## 1.3.2　3 种基本结构

程序设计的 3 种基本结构包括顺序结构、选择结构和循环结构，如图 1-1 所示。

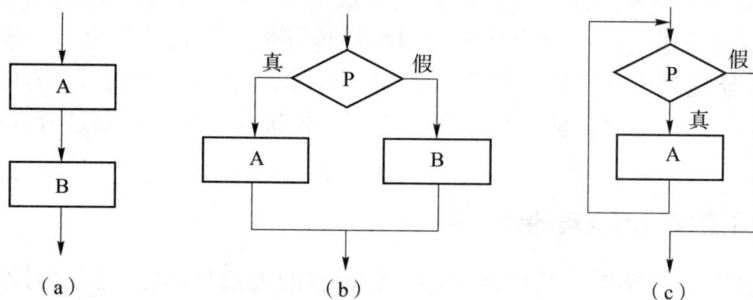

图 1-1　3 种基本结构

（a）顺序结构；（b）选择结构；（c）循环结构

### 1. 顺序结构

程序由上至下每个语句顺序执行的结构称为顺序结构，如图 1-1（a）所示。在执行完 A 所指定的操作后，接着执行 B 所指定的操作。顺序结构是最简单的一种基本结构。

### 2. 选择结构

程序在从上至下顺序执行的过程中遇到分支时，要选择从哪个分支走，并且只能选择一个分支，这种程序结构称为选择结构，也称为分支结构，如图 1-1（b）所示。此结构中包含一个判断框，根据给定的条件 P 是否成立而选择执行 A 或 B。

### 3. 循环结构

程序在从上至下顺序执行的过程中必须反复执行某一部分操作，这种程序结构称为循环结构，如图 1-1（c）所示。当给定的条件 P 成立时，执行 A 操作，执行完 A 后，再判断条件 P 是否成立，如果仍然成立，则继续执行 A，直到 P 条件不成立为止，结束循环，执行后续其他操作。

由 3 种基本结构顺序组成的算法结构，可以解决任何复杂的问题。由基本结构构成的算法属于结构化的算法，不存在无规律的转向，只在本基本结构内允许存在分支和向前或向后的跳转。

# 1.4   简单 C 程序介绍

下面通过实例程序表现 C 语言程序在组成结构上的特点，直观地了解一个 C 语言程序的基本组成和书写格式等。

**【例 1.1】**  显示 "Hello，World!"。

源程序如下：

```
#include <stdio.h>              //文件包含命令，包含标准输入输出函数库
main()                         //主函数
{
    printf("Hello, World!\n"); //显示"Hello, World!"信息
}
```

程序运行结果：

```
Hello, World!
请按任意键继续. . .
```

**【例 1.2】**  已知直角三角形的直角边，使用勾股定理求斜边。

源程序如下：

```
#include <math.h>              //文件包含命令，包含数学函数库
#include <stdio.h>
main()                         //主函数
{
    float a,b,c;               //定义 3 个实数变量
    printf("input a and b:\n"); //显示提示信息
    scanf("%f,%f",&a,&b);      //从键盘输入 a、b 的值
    c=sqrt(a*a+b*b);           //调用函数平方根，并把它赋给变量
    printf("c=%f\n",c);        //输出 c 的值
}
```

程序运行结果：

```
input a and b:
3,4
c=5.000000
请按任意键继续. . .
```

**【例 1.3】** 利用函数输出最小值。

源程序如下：

```
#include <stdio.h>                    //文件包含命令，包含标准输入输出函数库
int min(int a,int b);                 //函数声明
```

```
main()
{
  int x,y,z;
  printf("input two numbers:\n");        //显示提示信息
  scanf("%d,%d",&x,&y);                   //从键盘输入 x、y 的值
  z=min(x,y);                             //调用函数 min( )计算最小值
  printf("min number=%d\n",z);           //输出最小值
}


int min(int a,int b)                      //定义函数 min( )
{
  if(a<b) return a;
  else return b;                          //把结果返回主函数
}
```

程序运行结果：

```
input two numbers:
3,4
min number=3
请按任意键继续. . .
```

一个 C 语言程序的结构有以下特点：

（1）一个 C 程序由函数组成。一个规模较小的程序，往往只包括一个主函数，如例 1.1 和例 1.2 中只有一个主函数 main（），例 1.3 中有两个函数，属于同一个源程序文件。每个函数用来实现一定的功能，在调用这些函数时，会完成函数定义中指定的功能。

（2）每个 C 语言程序有且只有一个 main（），程序总是从 main（）开始执行。

（3）程序中用到的变量要先定义后使用，有时还要加上变量引用说明和函数声明等。

（4）由"#"开头的行是 C 语言中的编译预处理命令，不是真正的指令，如例 1.1 和例 1.2 中的文件包含命令"#include ＜ stdio.h ＞"，以及例 1.3 中的文件包含命令"#include ＜ stdio.h ＞"。其他预处理指令还有#define 等。

（5）程序对计算机的操作是由函数中的 C 语句完成的，如赋值、输入/输出数据等操作都是由相应的 C 语句实现的。C 语言程序的书写格式比较自由，一行内可以写几个语句，一个语句可以分写多行，但为清晰起见，习惯上每行只写一个语句。在每个数据声明和语句的末端必须有一个分号，分号是 C 语句的必要组成部分。

（6）C 语言本身不提供输入/输出语句，输入和输出的操作由 scanf（）和 printf（）等库函数完成。由于输入/输出操作涉及具体的计算机设备，用库函数实现输入/输出操作，可以减小 C 语言程序的规模，编译程序简单，很容易在各种机器上实现，程序具有可移植性。

（7）程序应当包含注释。一个优秀的、有使用价值的源程序应当加上必要的注释，以提高程序的可读性。注释部分用"/*……*/"或"//"标识，具有说明语句或程序的作用，程序不执行此部分。

# 1.5　C语言程序的开发过程

一个C语言程序从最初编写代码到得到最终运行结果，大致经过以下步骤。

## 1. 编辑源程序

输入编写好的程序代码的过程称为编辑源程序。源程序以文件形式存放在指定的目录下（如果不特别指定，一般存放在用户当前目录下）。源程序文件的扩展名为.c。

## 2. 编译源程序

对源程序进行编译时，先用 C 编译系统提供的预处理器（又称预处理程序或预编译器）对程序中的预处理指令进行编译预处理。例如，#include < stdio.h >指令读取 stdio.h 头文件的内容，用其内容取代"#include < stdio.h >"行。预处理得到的信息与程序其他部分一起，组成一个完整的、可以用来正式编译的源程序，然后由编译系统对源程序进行编译。

编译对源程序进行检查，判定它有无语法错误，如果有，则要对源程序进行编辑修改，再重新进行编译。编译程序自动把源程序转换为二进制形式的目标程序，其扩展名为.obj。

编译系统的出错信息一般有两种，即语法错误信息和警告信息，语法错误必须修改后重新编译，而警告信息通常不影响程序运行。

## 3. 连接目标程序

经过编译所得到的二进制目标程序不能由计算机直接执行。一个程序可能包含若干个源程序文件，而编译是以源程序文件为对象的，一次编译只能得到与一个源程序文件相对应的目标文件（也称为目标模块），它只是整个程序的一部分。必须把所有编译后得到的目标模块连接装配起来，再与函数库连接成一个整体，生成可供计算机执行的程序。该程序称为可执行程序，其扩展名为.exe。

> **注意**
> 即使一个程序只包含一个源程序文件，编译后得到的目标程序也要与函数库连接，才能生成可执行程序。

## 4. 运行可执行程序

运行上一步得到的可执行程序，得到运行结果。

如果编译过程未发现错误，能生成可执行程序，但是运行的结果不正确，可能是程序逻辑存在错误，如计算公式或赋值不正确等。此时，应当返回检查源程序，并改正错误，再进行编译连接，直至运行结果正确为止。

为了编译、连接和运行 C 程序，必须有相应的编译系统。目前使用的很多 C 编译系统都是集成开发环境（Integrabed Development Eovironment，IDE），把程序的编辑、编译、连接和运行等操作集中在一个界面上进行，功能丰富，使用方便，直观易用。目前较流行的开发工具有很多，如 C-Free、Microsoft Visual C、CodeBlocks、Borland C 和 Turbo C 等，不同的编译系统下程序的运行结果可能有所差别，读者需要注意自己使用的编译系统的特点和规定。

## ● 习题

**一、选择题**

1. 以下叙述错误的是（　　）。

　　A．C 语言的可执行程序是由一系列机器指令构成的

　　B．用 C 语言编写的源程序不能直接在计算机上运行

　　C．通过编译得到的二进制目标程序需要连接才可以运行

　　D．在没有安装 C 语言集成开发环境的机器上不能运行 C 语言源程序生成的.exe 文件

2. C 语言属于（　　）。

　　A．机器语言　　　B．低级语言　　　C．中级语言　　　D．高级语言

3. 一个 C 语言程序的执行是从（　　）。

　　A．本程序的 main 函数开始，到 main 函数结束

　　B．本程序文件的第一个函数开始，到本程序文件的最后一个函数结束

　　C．本程序的 main 函数开始，到本程序文件的最后一个函数结束

　　D．本程序文件的第一个函数开始，到本程序的 main 函数结束

4. 一个 C 语言程序由（　　）。

　　A．一个主程序和若干个子程序组成　　B．函数组成

　　C．若干个过程组成　　　　　　　　　　D．若干个子程序组成

5. C 语言规定：在一个源程序中，main 函数的位置（　　）。

　　A．必须在最开始　　　　　　　　B．必须在系统调用的库函数的后面

　　C．可以任意　　　　　　　　　　D．必须在最后

6. 以下叙述中错误的是（　　）。

　　A．C 语言编写的函数源程序，其文件名后缀可以是.c

　　B．C 语言编写的函数可以作为一个独立的源程序文件

　　C．C 语言编写的每个函数都可以进行独立的编译并执行

　　D．一个 C 语言程序只能有一个主函数

**二、填空题**

1. C 语言程序的基本单位是_____。

2. 在一个 C 语言程序中，块注释部分两侧的分界符分别为_____和_____。

3. 在 C 语言程序中，_____表示一条语句的结束。

4. 一个 C 语言程序的开发过程至少包括_____、_____、_____、_____。

**三、简答题**

1. 什么是计算机低级语言？什么是计算机高级语言？请写出你所知道的 5 种高级语言的名称和用途。

2. C 语言的特点是什么？与其他高级语言有什么区别？

3. C 语言程序、C 语言文件和函数的关系如何？

# 第2章

# C 语言编程基础

想要熟练使用 C 语言，必须充分了解 C 语言的基础知识。本章对 C 语言的基本语法、常量与变量、运算符与表达式、数据类型、输入/输出函数等知识进行详细讲解。

## 2.1　C 语言中的数据

计算机要处理的数字、文字、符号、图形、音频、视频等数据是以二进制的形式存放在内存中的。我们将 8 个比特（即二进制中的位）称为 1 个字节（Byte），并将字节作为最小的可操作单元。

### 2.1.1　C 语言的常量与变量

在 C 语言中，数据有两种表现形式：常量与变量。

#### 1. 常量

常量（constant）是在程序设计过程中已知的、在程序中直接写出的数值。在程序运行过程中，常量的值不能被改变。在 C 语言中常量可分为直接常量和符号常量。

直接用值表示的常量为直接常量，如 15、15.2、'a'、"abc"等。用标识符（后面会详细介绍）表示的常量为符号常量，其一般形式为：

#define　　　　标识符　　　　常量值

【例 2.1】　计算圆的面积。

源程序如下：

```
#include <stdio.h>
#define PI 3.1416
main()
{
  int radius;                    //定义一个整型变量 radorus
```

```
    float area;                    //定义一个浮点型变量area
    radius=15;                     //为radius赋值
    area=PI*radius*radius;         //计算圆的面积,存入变量area中
    printf("面积= %7.2f\n",area);  //输出圆的面积
}
```

程序运行结果:

```
面积=  706.86
请按任意键继续. . . ▄
```

程序中的 PI 为符号常量,不管它出现在程序的什么地方都代表 3.141 6。与直接常量一样,符号常量也可以参与运算。

符号常量可以方便程序的阅读,简化程序的编写过程,最重要的是可以方便对程序进行修改。如要把 3.141 6 改成 3.141 592 6,只需要修改程序的第一行代码,减少了程序员的工作量。

### 2. 变量

在现实生活中,为了避免物品显得凌乱,并且方便以后拿取,我们会找一个储物柜来存放物品。计算机也是这个道理,当我们在内存中分配一块区域,用它来存放整数,并起一个好记的名字(标识符),方便以后查找,这块区域就是整数"储物柜"。

C 语言在内存中分配区域的方法为:

```
int a;
```

int 是 integer(整数)的简写,a 是为内存中找到的"储物柜"起的名字,也可以叫其他名字,如 age、number 等。

这个语句的意思是:在内存中找一块区域,命名为 a,用它来存放整数。

**注意**

> int 和 a 之间是有空格的,int a 表达了完整的意思,是一个语句,要用分号结束。

int a; 在内存中找到一块可以保存整数的区域后,下一步要把 123 存放到这个区域内。

C 语言中用下面的语句向内存中放整数:

```
a=123;
```

在 C 语言中,"="表示赋值。赋值是指把数据放到内存的过程。

把上面的两个语句连起来:

```
int a;
a=123;
```

这样就实现了把整数"123"存入一个名字为 a 的内存空间。

还可以把两个语句写成一个语句:

```
int a=123;
```

那么 a 的值能不能改变呢？只要需要，我们可以随时更改 a 的值，通过对 a 再次赋值就可以了，语句如下：

```
int a=123;
a=99;
a=7890;
```

每次赋值操作会覆盖之前的数据，经过上面 3 次赋值，a 最后的值为 7 890，之前的 123、99 已经被覆盖，再也找不回来了（不可恢复）。

**注意**

a 的值可以改变，被称为变量（variable）。

"int a"语句创建了一个名字叫作 a 的变量，这个过程被称为变量的定义；"a = 123"语句把整数"123"存放在变量 a 中，这个过程被称为变量的赋值。赋值操作可以执行多次，第一次赋值被称为变量的初始化或者赋初值。

我们可以先定义变量，再初始化，例如：

```
int abc;
abc=999;
```

也可以在定义的同时进行初始化，例如：

```
int abc=999;
```

两种方式是等价的。

### 3. C 语言中的标识符

在编程过程中，经常需要在程序中定义一些符号来标记一些名称，如变量名、函数名等，这些符号被称为标识符。标识符可以由任意顺序的字母、数字、下划线组成，如 username、username123、user_name、_username。标识符不能以数字开头，也不能是 C 语言中的关键字，如 123username、98.3、Hello World、-username 是非法的标识符。

在使用标识符时还必须注意以下几点：

（1）C 语言严格区分大小写，如 num 和 NUM 是两个不同的标识符。

（2）C 语言虽然不限制标识符的长度，但是受到编译器和操作系统的限制。例如，在某个编译器中规定标识符前 128 位有效，当两个标识符的前 128 位相同时，则被认为是同一个标识符。

（3）常量名的所有字母都大写，单词之间用下划线连接，如 DAY_OF_MONTH。

（4）为了便于阅读和理解，标识符应尽量做到有意义。

**思考**

下面哪些标识符是合法的，哪些是不合法的，为什么？

8cmp；_kk9m6；$kk8；Hello World；Hello_World。

## 2.1.2 数据类型

数据已经存放到内存中了，我们也知道了变量的名字，就可以使用变量了，具体怎么使用变量呢？

计算机中的数字、文字、符号、图形、音频、视频等数据是以二进制形式存储在内存中的，它们并没有本质的区别。00000100 这个二进制数是理解为数字 4 或要发出某个声音呢，还是理解为图像中某个像素的颜色呢？如果没有特别指明，我们并不知道计算机存储的数据是什么类型的。

我们有很多种方式来解释内存中存储的数据，使用之前必须要确定。上面的"int a;"说明这个数据是一个整数，不能理解为像素、声音等。int 用来表示数据类型。

数据类型用来说明数据的类型，以便解释数据，让计算机不会产生歧义。C 语言的基本数据类型见表 2-1。

表 2-1　C 语言的基本数据类型

| 说明 | 字符型 | 短整型 | 整型 | 长整型 | 单精度浮点型 | 双精度浮点型 | 空类型 |
|------|--------|--------|------|--------|--------------|--------------|--------|
| 类型 | char | short | int | long | float | double | void |

通过组合表 2-1 中的数据类型可以实现复杂的数据类型。

### 1. 连续定义多个变量

在 C 语言中，可以通过对多个变量的连续定义来使程序更加简洁，如：

```
int a,b,c;
float m=10.9,n=20.56;
char p,q='a';
```

如果多个变量具有相同的数据类型，我们可以通过逗号"，"分隔进行连续的定义。这些变量进行初始化赋值，也可以之后赋初值。

### 2. 数据的长度

数据长度可以理解为数据占用的内存大小，单位是字节。占用内存越大，能够存储的数据就越多，数字型变量的值也越大。

多个数据在内存中的存储方式是连续的，变量与变量之间没有明显的界限，如果计算机不知道数据的长度，就不知道怎么存取变量。当我们保存一个任意整数时，它占用了 4 个字节，而在读取的时候却认为它是 5 个字节，显然是不对的。

我们在定义变量的同时要明确它所占的内存大小，也就是数据的长度。数据类型的作用就是告诉计算机数据的解释方式及其长度。C 语言的数据类型所占用的字节数是固定的，一旦确定数据类型，数据的长度也随之确定了。

在 32 位的计算机环境下，各种数据类型的长度见表 2-2。

表 2-2　32 位的计算机环境下各数据类型的长度

| 说　明 | 字符型 | 短整型 | 整型 | 长整型 | 单精度浮点型 | 双精度浮点型 |
|---|---|---|---|---|---|---|
| 数据类型 | char | short | int | long | float | double |
| 长度 | 1 | 2 | 4 | 4 | 4 | 8 |

　　了解 C 语言一共有多少种数据类型，每种数据类型长度是多少，该如何使用数据类型，这是一个 C 语言程序员的基本功，在后面章节我们会对上述问题进行讲解。

**多学一点**

　　C 语言提供的多种数据类型让程序设计更加灵活和高效，但增加了学习成本。PHP、JavaScript 等编程语言，在定义变量时不需要指明数据类型，编译器会根据赋值情况自动推演出数据类型，更加智能。

　　C、Java、C++、C#等程序设计语言在定义变量时必须指明数据类型，称为强类型语言。PHP、JavaScript 程序设计语言等在定义变量时不必指明数据类型，编译系统会自动推演，称为弱类型语言。

　　强类型语言一旦确定了数据类型，就不能再赋值给其他类型的数据，除非对数据类型进行转换。弱类型语言没有这种限制，一个变量可以先赋值给一个整数，再赋值给一个字符串。

**注意**

　　数据类型只在定义变量时指明，而且必须指明。使用变量时则无需再指明数据类型。

#### 3. 关键字

　　关键字是由 C 语言规定的具有特定意义的字符串，也称为保留字，如 int、char、long、float、unsigned 等。

　　关键字是具有特殊含义的标识符，它们已经被系统使用，我们不能再使用了。标识符不能与关键字相同，否则会出现错误。

　　标准 C 语言中规定了 32 个关键字，见附录 I。

## 2.1.3　C 语言中的整数

　　整数是编程中常用的数据，C 语言通常使用 int 来定义整数。

　　在现代操作系统中，int 一般占用 4 个字节的内存，共计 32 位。如果不考虑正负数，当所有的位都为"1"时值最大，为 $2^{32} - 1 = 4\ 294\ 967\ 295 \approx 43$ 亿，这是一个很大的数，我们在实际开发中很少用到这么大的数，而 1、16、1 024 等较小的数使用频率较高。

　　让整数占用更少的内存可以在 int 前边加 short，让整数占用更多的内存可以在 int 前边加 long，例如：

```
short int a=10;
short int b,c=99;
```

```
long int m=205546;
long int n,p=665587;
```

变量 a、b、c 只占用 2 个字节，而 m、n、p 则占用 8 个字节。

也可省略 int，只写 short 和 long，例如：

```
short a=10;
short b,c=99;
long m=205546;
long n,p=665587;
```

这样的写法更加简洁，实际开发中常用这种方式定义。

int 是基本的整数类型，short 和 long 是在 int 的基础上进行的扩展，short 可以节省内存，long 可以容纳更大的值。

short、int、long 是 C 语言中常见的整数类型，其中 int 称为整型，short 称为短整型，long 称为长整型。

### 1. 整型的长度

细心的读者会发现，在上面的描述中，当出现 short、int、long 类型的长度时，对 int、long 使用了"一般"或者"可能"等不确定的说法。之所以用这种不确定的说法，是因为只有 short 的长度是确定的，是 2 个字节，而 int 和 long 的长度无法确定，在不同的环境下有不同的表现。

一种数据类型占用的字节数，称为该数据类型的长度。例如，short 占用 2 个字节的内存，则长度是 2。

C 语言没有严格规定 short、int、long 的长度，只做了如下限制：

（1）short 至少占用 2 个字节；

（2）int 建议为 1 个机器字长。32 位环境下机器字长为 4 个字节，64 位环境下机器字长为 8 个字节；

（3）short 的长度不能大于 int，long 的长度不能小于 int。

总结起来，它们的长度（所占字节数）关系为：

$$2 \leqslant short \leqslant int \leqslant long$$

short 和 long 可能与 int 占用相同的字节数。

在 16 位环境下，short 和 int 为 2 个字节，long 为 4 个字节。16 位环境多用于单片机和低级嵌入式系统。

对于 32 位的 Windows、Linux 和 Mac OS，short 为 2 个字节，int 和 long 为 4 个字节。计算机和服务器上的 32 位系统占有率在慢慢下降，嵌入式系统使用 32 位越来越多。

不同的 64 位操作系统的整型长度见表 2-3。

表 2-3　不同的 64 位操作系统的整型长度

| 操作系统 | short | int | long |
|---|---|---|---|
| Win 64（64 位 Windows） | 2 | 4 | 4 |
| 类 Unix 系统 64 位（Unix、Linux、Mac OS、BSD、Solaris 等） | 2 | 4 | 8 |

目前使用较多的 PC（个人计算机，Personal Computer）系统为 Windows XP、Windows 7、Windows 8、Windows 10、Mac OS、Linux，在这些系统中，short 和 int 的长度分别为 2 和 4，只有 long 的长度在 Windows 64 和类 Unix 系统下有所不同，使用时要注意移植性。

**2. sizeof 操作符**

如果想要知道某个数据类型的长度，可以使用 sizeof 操作符。例如：

```c
#include <stdio.h>
int main()
{
    short a=10;
    int b=100;
    int short_length=sizeof a;
    int int_length=sizeof(b);
    int long_length=sizeof(long);
    int char_length=sizeof(char);
    printf("short=%d, int=%d, long=%d, char=%d\n", short_length, int_length,
        long_length, char_length);
        return 0;
}
```

在 32 位和 64 位 Windows 环境下的运行结果为：

```
short=2, int=4, long=4, char=1
```

在 64 位 Linux 和 Mac OS 下的运行结果为：

```
short=2, int=4, long=8, char=1
```

sizeof 用来获取某个数据类型或变量所占用的字节数。sizeof 后面是变量名称时可以省略（），后面是数据类型时必须带（）。

> **注意**
>
> sizeof 是 C 语言中的操作符，不是函数，所以可以不带（）。

## 2.1.4　C 语言中的浮点数

C 语言中常用的浮点数有两种类型，分别是 float 或 double。float 为单精度浮点型，double 为双精度浮点型。

浮点数的长度是固定的，其类型标识符、占用存储空间的大小、取值范围见表 2-4。

表 2-4　浮点数类型

| 类型名 | 类型标识符 | 占用空间 | 取值范围 |
|---|---|---|---|
| 单精度浮点型 | float | 32 位（4 个字节） | $-3.4 \times 10^{38} \sim 3.4 \times 10^{38}$ |
| 双精度浮点型 | double | 64 位（8 个字节） | $-1.7 \times 10^{308} \sim 1.7 \times 10^{308}$ |

在 C 语言中，一个小数会被默认为 double 类型的值，因此在为一个 float 类型的变量赋值时一定要加上字母 F（或 f），而为 double 赋值时不用，如：

```
float f1=123.4f;      //把 123.4 按 float 处理，编译时不会出现警告
double d1=3.4;        //默认把 3.4 按 double 处理
```

## 2.1.5  字符型数据

### 1. 字符的表示

初学者经常用到的字符类型是 char，它的长度是 1 个字节，只能容纳 ASCII 表中的字符，也就是英文字符，处理汉语、日语、韩语等英文之外的字符需要使用其他字符类型。

字符常量由单引号''表示，正确写法如下：

```
char a='1';
char b='$';
char c='X';
char d=' ';   //空格是 1 个字符
```

错误的写法如下：

```
char x='中';  //char 类型不能包含 ASCII 编码之外的字符
char y='Ａ';  //Ａ是全角字符
char z="t";   //字符类型应该由单引号表示
```

> **说明**
>
> 在字符集中，全角字符是 2 个字符，与半角字符对应的编码不同。ASCII 编码只定义了半角字符，没有定义全角字符。

### 2. 字符型数据和整型数据的关系

在为字符型变量赋值时，内存中存放的不是字符本身，而是该字符对应的 ASCII 值，是类似整型的数，因此，在 C 语言中字符型数据和整型数据是可以通用的。

【例 2.2】  显示字符型数据和整型数据的关系。

源程序如下：

```
#include <stdio.h>
int main()
{
    //定义字符型变量 a、b 和整型变量 c、d
    char a='E';
    char b=70;
```

```
    int c=71;
    int d='H';
    //输出 4 个变量在 ASCII 表中对应的字符和编号
    printf("a: %c, %d\n",a,a);
    printf("b: %c, %d\n",b,b);
    printf("c: %c, %d\n",c,c);
    printf("d: %c, %d\n",d,d);
    return 0;
}
```

程序运行结果：

```
a: E, 69
b: F, 70
c: G, 71
d: H, 72
请按任意键继续. . .
```

在 ASCII 表中，字符 E、F、G、H 对应的编号分别是 69、70、71、72。

变量 a、b、c、d 实际上存储的都是整数。当给 a、d 赋值一个字符时，字符会先转换成 ASCII 再存储；当给 b、c 赋值一个整数时，不需要任何转换，直接存储即可。当以%c 输出 a、b、c、d 时，会根据 ASCII 表将整数转换成对应的字符；当以%d 输出 a、b、c、d 时，不需要任何转换，直接输出即可。可以说，ASCII 表将英文字符和整数关联起来。

### 3. 转义字符

在 C 语言中，，转义字符是以"\"开头的字符序列，它把字符的原始含义转换成其他含义，如"\n"的含义为换行，通过"\"把 n 的原始含义转换成换行。常用的转义字符见表 2-5。

表 2-5　常用的转义字符

| 转义字符 | 功能 | 转义字符 | 功能 |
|---|---|---|---|
| \n | 换行 | \' | 单引号字符 |
| \b | 退格 | \" | 双引号字符 |
| \t | 制表符 | \\ | 反斜杠字符 |
| \r | 回车 | \ddd | ddd 为 1～3 位八进制数所代表的字符 |
| \a | 响铃 | \xhh | hh 为 1~2 位十六进制数所代表的的字符 |
| \v | 纵向跳格 | \0 | ASCII 为 0 的空字符 |
| \f | 换页 | | |

## 2.1.6　字符串常量

字符串常量用双引号表示，字符串中包含的字符个数称为字符串的长度，如"hello"的长度为 5；"h"的长度为 1；"□□"为空格串，长度为 2；" "为空字符串，长度为 0。

**说明**

（1）C 语言中存储字符串常量时，会在最后一个字符的后面自动添加一个'\0'，因此，内存中字符序列的长度是字符串长度加 1，如"hello"的字符串长度为 5，在内存中占 6 个字节。

（2）'\0'是 ASCII 为 0 的空字符，用来判断字符串是否结束。

（3）"A"和'A'的含义是不同的，前者为字符串常量，以'\0'结尾；后者为字符。

（4）不能把字符串常量赋值给字符变量，如

char c="a";

该语句是错误的。

## 2.2　运算符与表达式

在程序中对数据进行处理时需要使用运算符，对数据进行算术运算、赋值、比较等操作。在 C 语言中，运算符可分为算术运算符、赋值运算符、比较运算符、逻辑运算符和位运算符。

### 2.2.1　算术运算符与算术表达式

常见的算术运算符及其用法见表 2-6。

表 2-6　算术运算符

| 运算符 | 运算 | 范例 | 结果 |
|---|---|---|---|
| + | 正号 | +3 | 3 |
| - | 负号 | b=4；-b； | -4 |
| + | 加 | 5+5 | 10 |
| - | 减 | 6-3 | 3 |
| * | 乘 | 2*3 | 6 |
| / | 除 | 4/4 | 1 |
| % | 取模（即算术中的求余数） | 7%4 | 3 |
| ++ | 自增（前） | a=2；b=++a； | a=3；b=3 |
| ++ | 自增（后） | a=2；b=a++； | a=3；b=2 |
| -- | 自减（前） | a=2；b=--a； | a=1；b=1 |
| -- | 自减（后） | a=2；b=a--； | a=1；b=2 |

（1）在进行自增运算和自减运算时，如果运算符＋＋或--放在操作数的前面，则先自增或自减运算，再进行其他运算。反之，如果运算符放到操作数后面则先进行其他运算再进行自增

或自减运算。自增和自减运算符只能用于变量，不能用于常量和表达式，如 4++和++（a+b）都是错误的。

（2）在进行除法运算时，当除数和被除数都是整数时，结果也是整数。例如，35/10 结果为 3，小数部分被忽略；2 500/1 000 * 1 000 的结果为 2 000。由于表达式的执行顺序是从左至右，所以先执行除法再执行乘法 2 500/1 000，得到结果 2，再乘以 1 000，得到结果 2 000。

（3）取模（%）运算时，运算结果的符号取决于%左面数的符号，与%右面数的符号无关，如（−5）%3 结果为−2，而 5%（−3）结果为 2。

用算术运算符和括号将操作数连接起来的式子称为算术表达式，例如：

```
1+2
a*b+2
b-2/5
```

计算算术表达式时要按照运算符的优先级顺序。例如，计算 1+2*3 时，根据"+"和"*"的优先级顺序，先计算"*"再计算"+"，相当于 1+（2*3）。

如果表达式的运算符优先级相同，就要根据运算符的结合性来处理，如 1+2−3，"+"和"−"优先级级别相同。算术运算符的结合性从左至右，即先运算加法后运算减法。

算术运算符的结合性为从左至右，赋值运算符的结合性是从右到左，复杂的运算符表达式可以通过查表得到。

## 2.2.2　赋值运算符与赋值表达式

赋值运算符将常量、变量或表达式的值赋给一个变量，见表 2-7。

表 2-7　赋值运算符

| 运算符 | 运算 | 范例 | 结果 |
|---|---|---|---|
| = | 赋值 | a=3；b=2 | a=3；b=2 |
| += | 加等于 | a=3；b=2；a+=b； | a=5；b=2 |
| −= | 减等于 | a=3；b=2；a−=b； | a=1；b=2 |
| *= | 乘等于 | a=3；b=2；a*=b； | a=6；b=2 |
| /= | 除等于 | a=3；b=2；a/=b； | a=1；b=2 |
| %= | 模等于 | a=3；b=2；a%=b； | a=1；b=2 |

在赋值过程中，从右往左运算，将右边表达式的结果赋值给左边的变量。在赋值运算符的使用中，需要注意以下问题：

（1）在 C 语言中可以通过一条赋值语句对多个变量进行赋值，例如：

```
int x,y,z;
x=y=z=5;
```

在上述代码中，一条赋值语句将变量 x、y、z 的值同时赋值为 5。

（2）a += b 相当于 a = a + b，首先进行加法运算 a + b，然后将运算结果赋值给变量 a。%=、/=等赋值运算符依此类推。

数据类型转换是把数据从一种类型转成另一种类型，可分为自动类型转换和强制类型转换。

### 1. 自动类型转换

自动类型转换指在赋值时自动完成类型转换，程序不需要做任何显示声明。

（1）将一种类型的数据赋值给另外一种类型的变量时会发生自动类型转换，如：

```
float f=100;
```

100 是 int 类型的数据，需要先转换为 float 类型才能赋值给变量 f。
再如：

```
int i=f;
```

f 是 float 类型的数据，需要先转换为 int 类型才能赋值给变量 i。

在赋值操作时，如果赋值运算符两侧的数据类型不同，则需要把右侧的类型转换成左侧变量的类型。当左侧的类型不足以表示右侧的类型时会导致数据失真或精度降低。自动类型转换是一种不安全的机制，在 C 语言中出现不安全转换时，编译器会给出警告。

（2）在多种数据类型参与的混合运算中，编译器会自动转换数据类型，将参与运算的所有数据转换为同一种类型后再进行计算。转换的规则如下：

① 按数据表示范围从小到大进行，以保证数值的精度。例如，int 和 long 参与运算时，将 int 类型的数据转换成 long 类型后再进行运算。

② 所有的浮点运算都是以 double 类型进行的，即使运算中只有 float 类型，也要先转换为 double 类型，才能进行运算。

③ char 和 short 参与运算时，自动转换成 int 类型。

【例 2.3】 比较自动类型转换的结果。

源程序如下：

```
#include<stdio.h>
int main()
{
    float PI=3.141592;              //定义浮点型常量 PI
    int s1,r=5;                     //定义整型变量 S1 和 r，并为 r 赋初值
    double s2;                      //定义变量 S2
    /*计算圆的面积，分别存入 S1 和 S2*/
    s1=r*r*PI;
    s2=r*r*PI;
    printf("s1=%d, s2=%f\n",s1,s2); //输出 S1 和 S2 的值
    return 0;
}
```

程序运行结果：

```
s1=78，s2=78.539803
请按任意键继续.
```

在计算表达式 r * r * PI 时，r 和 PI 被转换成 double 类型，表达式的结果是 double 类型。但由于 s1 为整型，因此赋值运算的结果仍为整型，小数部分被舍弃，导致数据失真。

### 2. 强制类型转换

强制类型转换也称显示类型转换，指的是两种类型之间通过显示声明进行转换。当两种类型不兼容，或者目标类型取值范围小于源类型时，需要进行强制类型转换。

强制类型转换的格式为：

（类型名）表达式

例如：

```
(double)a;          //将变量 a 转换为 double 类型
(long)(x+y);        //把表达式 x+y 的结果转换为 long 类型
(float)100;         //将数值 100（默认为 int 类型）转换为 float 类型
```

【例 2.4】  利用强制类型转换的程序将整数的平均数转换为浮点数。

源程序如下：

```
#include <stdio.h>
int main()
{
    //定义整型变量 sum、count 并赋初值
    int sum=148;  //总数
    int count=7;  //数量
    double average;  //定义双字节变量 average,用于存放平均数
    average=(double)sum /count;  //计算平均数后进行强制类型转换存入 average 中
    printf("平均数为：%lf\n",average);     //输出平均数
    return 0;
}
```

程序运行结果：

```
平均数为：21.142857
请按任意键继续. . .
```

sum 和 count 是整型变量，sum/count 的结果也是整型。根据 C 语言规则，计算结果的小数部分被舍弃，即使 average 被定义成 double，由于计算后小数部分已经被舍弃，结果仍然会失真。

使用强制类型转换可以避免结果失真，只要把 sum 或 count 任意一个变量转换成 double 类型，即可让整个表达式用 double 计算，这样结果就是 double 类型了。

运算符（）的优先级高于运算符/，表达式（double）sum /count 先执行（double）sum，将 sum 转换为 double 类型，再进行除法运算，运算结果也是 double 类型，能够保留小数部分。注意不要写作（double）（sum/count），这样写运算结果将是 3.000 000，仍然不能保留小数部分。

无论是自动类型转换还是强制类型转换，都只是为了本次运算而进行的临时性转换，转换结果保存到临时的内存空间，不会改变数据本来的类型或者值。

**【例 2.5】** 比较强制类型转换结果。

源程序如下：

```
#include <stdio.h>
int main()
{
    double total=400.8;              //定义双字节浮点型变量total，表示总价
    int count=5;                     //定义整型变量count，表示数量
    double unit;                     //定义双字节浮点型变量unit，表示单价
    int  total_int=(int)total;       //将总价强制转换成整型
    unit =total/count;               //计算单价，存入变量unit
    //输出变量total、total_int 和unit
    printf("total=%lf,total_int=%d,unit=%lf\n", total, total_int, unit);
    return 0;
}
```

程序运行结果：

```
total=400.800000, total_int=400, unit=80.160000
请按任意键继续. . .
```

程序第 7 行代码中的变量 total 被转换成 int 类型后赋值给变量 total_int，这种转换并未影响 total 变量本身的类型和值。如果 total 的值变了，那么 total 的输出结果将变为 400.000 000，unit 的输出结果将变为 80.000 000。

**3. 自动类型转换与强制类型转换**

在 C 语言中，有些类型两种转换方式都可以使用，如 int 到 double，float 到 int 等；而有些类型只能进行强制类型转换，不能自动类型转换，如以后将要学到的 void*到 int*，int 到 char*等。

## 2.2.3 关系运算符与关系表达式

关系运算符用于对两个数值或变量进行比较，判断结果是否符合给定条件，结果为

"真"或"假"。常见的关系运算符见表2-8。

表2-8　关系运算符

| 运算符 | 运算 | 范例 | 结果 |
|---|---|---|---|
| ＝＝ | 等于 | 5＝＝4 | 假 |
| !＝ | 不等于 | 5!＝4 | 真 |
| ＜ | 小于 | 5＜4 | 假 |
| ＞ | 大于 | 5＞4 | 真 |
| ＜＝ | 小于等于 | 5＜＝4 | 假 |
| ＞＝ | 大于等于 | 5＞＝4 | 真 |

使用关系运算符时需要注意，不能将运算符"＝＝"误写成赋值运算符"＝"。

用关系运算符将数值或表达式连接起来的式子称为关系表达式，如：

```
5>4    b*b-4*a*c>0    a==b    a>=3
```

关系表达式的值是一个布尔类型的逻辑值，即"真"或"假"，例如，关系表达式"4＝＝3"的值为"假"，"5＞0"的值为"真"。在C语言中以"1"代表"真"，以"0"代表"假"。若a＝1，b＝2，c＝3，则关系表达式"(b＜c)＝＝a"的值为"真"。表达式的值为1，（因为b＜c的值为1，a值为1，所以相等，整个表达式的值为1），关系表达式"b＋c＜a"的值为"假"，表达式的值为0。

## 2.2.4　逻辑运算符与逻辑表达式

逻辑运算符对布尔型的数据进行操作，其结果仍然为布尔型数据。常见的逻辑运算符见表2-9。

表2-9　逻辑运算符

| 运算符 | 运算 | 范例 | 结果 |
|---|---|---|---|
| ＆＆ | 与 | 真＆＆真 | 真 |
| | | 真＆＆假 | 假 |
| | | 假＆＆真 | 假 |
| | | 假＆＆假 | 假 |
| ‖ | 或 | 真‖真 | 真 |
| | | 真‖假 | 真 |
| | | 假‖真 | 真 |
| | | 假‖假 | 假 |
| ! | 非 | !真 | 假 |
| | | !假 | 真 |

用逻辑运算符连接起来的表述式称为逻辑表达式，如（b＋c）＆＆（b－c）、!a、5‖a、（a＜b）＆＆（b＜c）等。

逻辑运算符的规则可参照表2-9。从表中可知，对于"与"运算，只要有一个操作数是"假"，那么整个表达式的值为"假"；对于"或"运算，只要有一个操作数是"真"，那么整个表达式的值为"真"。

> **注意**
>
> C语言中的"与"运算又称短路"与"，当运算符左边为"假"时，右边的表达式不会进行运算，因此得名短路"与"。同理，对于"或"运算，当运算符左边为"真"时，右边的表达式不会进行运算，因此得名短路"或"。

【例2.6】 比较短路"与"和短路"或"的结果。

源程序如下：

```c
#include <stdio.h>
int main()
{
    //定义3个整型变量x、y、z，并赋初值
    int x=0;
    int y=0;
    int z=0;
    printf("%d ",x>0&&y++>1);      //输出短路"与"的运算结果
    printf("%d ",y);               //输出y的值
    printf("%d ",x==0||z++>1);     //输出短路"或"的运算结果
    printf("%d ",z);               //输出z的值
    return 0;
}
```

程序运行结果：

```
0 0 1 0 请按任意键继续. . .
```

在短路"与"运算中，表达式"$x > 0$"结果为0，&&右侧的表达式"$y++$"不计算（整个表达式为"假"，值为0），即y没有变化，值为0。在短路"或"运算中，表达式"$x = 0$"为"真"，整个表达式为"真"，运算符右侧不计算，"$z++$"没有运行，z值为0。

## 2.2.5 位运算符与位运算表达式

位运算符是针对二进制数的每一位进行运算的符号，它专门针对数字0和1进行操作的，见表2-10。

表2-10 位运算符

| 运算符 | 运算 | 范例 | 结果 |
|---|---|---|---|
| & | 按位"与" | 0&0 | 0 |
|  |  | 0&1 | 0 |
|  |  | 1&1 | 1 |
|  |  | 1&0 | 0 |

| 运算符 | 运算 | 范例 | 结果 |
|---|---|---|---|
| \| | 按位"或" | 0 \| 0 | 0 |
| | | 0 \| 1 | 1 |
| | | 1 \| 1 | 1 |
| | | 1 \| 0 | 1 |
| ～ | 按位取反 | ～0 | 1 |
| | | ～1 | 0 |
| ＾ | 按位"异或" | 0 ＾ 0 | 0 |
| | | 0 ＾ 1 | 1 |
| | | 1 ＾ 1 | 0 |
| | | 1 ＾ 0 | 1 |
| << | 左移 | 略 | |
| >> | 右移 | 略 | |

位运算符只能对整型或字符型数据进行运算，不能在其他数据类型中使用，计算结果是整型数据。

（1）位运算符"&"将参与运算的两个二进制数进行"与"运算，如果两个二进制位都为1，则该位的运算结果为1，否则为0。

【例2.7】 将十进制数6和11进行"与"运算。

解：　　　0000000000000110
　（&）　0000000000001011
　　　　　0000000000000010

运算结果为0000000000000010，对应十进制数为2。

（2）位运算符"｜"将参与运算的两个二进制数进行"或"运算，如果两个二进制位有一个为1，则该位的运算结果为1，否则为0。

【例2.8】 将十进制数6和11进行"或"运算。

解：　　　0000000000000110
　（｜）　0000000000001011
　　　　　0000000000001111

运算结果为0000000000001111，对应十进制数为15。

（3）位运算符"～"只针对一个操作数进行操作。如果二进制位是0，则取反值为1；如果二进制位为1，则取反值为0。

【例2.9】 将十进制数6进行取反运算。

解：　（～）　0000000000001011
　　　　　　1111111111110100

运算结果为1111111111110100。

（4）位运算符"＾"将参与运算的两个二进制数进行"异或"运算，如果两个二进制位相同，则该位的运算结果为0，否则为1。

【例2.10】 将十进制数6和11进行"异或"运算。

解：　　　0000000000000110
　（＾）　0000000000001011
　　　　　0000000000001101

运算结果为 0000000000001101，对应十进制数为 13。

（5）位运算符"<<"将操作数的各个二进制位左移若干位，左边移出的位丢失，右边补 0。

【例2.11】 计算 11 << 2 的结果。

**解：** 11 << 2 表示将 11 的各二进制位左移 2 位，计算过程如下：

　　　（<<）　　0000000000001011
　　　　　　　 0000000000101100

运算结果为 0000000000101100，对应十进制数为 44。

当左移操作没有溢出位时，左移 1 位相当于原数乘以 2，左移 n 位相当于乘以 $2^n$。

（6）位运算符">>"将操作数的各个二进制位右移若干位。右移时高位的填充方式取决于原操作数的类型，如果原操作数为无符号类型则补 0，否则用其符号位填充（即符号位原来为 1 则填充 1，原来为 0 则填充 0），低位在右移时移出。

【例2.12】 无符号数 60 右移 3 位。

**解：** 　（>>）　　0000000000111100
　　　　　　　 0000000000000111

运算结果为 0000000000000111，对应无符号数 7。

## 2.2.6 逗号运算符与逗号表达式

在 C 语言中逗号"，"也作为运算符使用，它的功能为连接多个表达式构成一个表达式。含有"，"的表达式称为逗号表达式。

逗号表达式的一般形式如下：

**表达式 1，表达式 2，表达式 3，…，表达式 n**

逗号表达式的值为依次求解所有表达式，即上式中先求表达式 1，再求表达式 2，……，最后求解到表达式 n。整个表达式的值为表达式 n 的值。

逗号运算符在所有运算符中优先级最低。

【例2.13】 逗号表达式的求解过程。

源程序如下：

```
main()
{
    int a,b;        //定义整数变量a和b
    //输出变量的值
    printf("%d %d %d\n",a,b,(b=a=2,++a,b+=2,a>3));
    printf("%d %d %d\n",a,b,b=(b=a=2,++a,b+=2,a>3));
}
```

程序运行结果：

```
3 4 0
3 0 0
请按任意键继续. . .
```

"b=a=2，++a，b+=2，a>3"为逗号表达式，求解过程如下：先求 b=a=2，得到 b=2，a=2；再求++a，a 值为 3；再求 b+=2，b 值为 5；最后求 a>3，得 0。整个逗号表达式的值为0。

　　"b=（b=a=2，++a，b+=2，a>3）"为赋值表达式，上面的逗号表达式求解过程可知
a为3，整个逗号表达式的值为0，整个赋值表达式的值为0。

> **注意**
>
> 　　在 C 语言代码中出现的逗号不一定是逗号运算符。函数参数间的逗号和在定义变量
> 时的逗号是分隔符。使用逗号表达式一般不是要求最后表达式的值，而是想分别得到各
> 个表达式的值。

## 2.2.7　条件运算符与条件表达式

　　条件运算符是 C 语言中唯一的三目运算符，它的一般形式如下：

**表达式 1？表达式 2：表达式 3**

　　具体过程为：先计算表达式 1 的值，若为"真"（非 0），则计算表达式 2，整个表达式
的值为表达式 2 的值；若表达式 1 的值为"假"（0），则计算表达式 3 的值，整个表达式的
值为表达式 3 的值。

　　例如：

```
5>8?4+2:6-3            //表达式的值为3
'c'>'k'?4!=0:8==9       //表达式的值为0
```

　　条件运算符的结合方向为从右向左，如：

```
x>y?x:y>z?y:z
```

　　相当于

```
x>y?x:（y>z?y:z）
```

　　【例 2.14】　利用条件运算符，求解最值。

　　源程序如下：

```
#include <stdio.h>
int main()
{
    int a,b,max,min;          //定义整型变量a、b、max、min
    a=5;                      //为变量a、b赋初值
    b=6;
    max=a>b?a:b;              //比较a、b的大小，将较大的数存入max
    min=a<b?a:b;              //比较a、b的大小，将较小的数存入min
    printf("max=%d\n",max);   //输出max的值
    printf("min=%d",min);     //输出min的值
    return 0;
}
```

程序运行结果：

```
max=6
min=5请按任意键继续. . . ▪
```

# 2.3 基本输入/输出函数

C 语言的输入/输出操作是通过函数来实现的，这样可以增加用户程序的通用性和可移植性。C 语言标准函数库提供标准输入函数 printf（）和标准输出函数 scanf（）。

C 语言标准函数库中的输入/输出函数以标准的输入/输出设备为输入/输出对象。标准的输入/输出设备一般指终端设备的计算机键盘显示器（终端）。

在使用输入/输出函数时需要把包含标准函数的头文件（stdio.h）"包含"到用户的程序中。最常用的 printf（）和 scanf（）不需要头文件支持即可使用。

"包含"头文件需要使用#include 预编译命令，如：

```
#include <stdio.h>
```

#include 要写在程序的开头部分，stdio 为 standard input output 的缩写，h 为 head 的缩写，表示标准输入/输出头文件。

#include 指令除了使用尖括号，还可以使用双引号，如：

```
#include "stdio.h"
```

尖括号方式为标准方式， C 语言编译系统编译时会在系统存放头文件的子文件夹中查找要使用的头文件（如 stdio.h）。双引号方式则是先在用户当前程序所在文件夹查找，找不到才会使用标准方式查找。用户自行编写的库文件应该使用双引号方式，使用系统提供的头文件既可使用尖括号方式也可使用双引号方式。

## 2.3.1 格式输出函数 prinft（）

格式输出函数 printf（）向计算机系统默认的输出设备（显示终端）输出一个或多个任意指定类型的数据，是 C 语言中使用频率最高的输出库函数。它可以输出多个任意类型的数据，其调用格式为：

**printf（格式控制字符串，输出列表）**

其中，格式控制字符串是用双引号括起来的字符串（双引号不可省略），可以包括 3 种字符：

（1）格式说明符由"%"和格式字符组成，如%c、%d、%f 等，用于指定输出项的输出格式；

（2）转义字符：以反斜线"\"开头，后面跟一个或几个字符，如\n 等，常用来控制光标的位置；

（3）普通字符是除了格式说明符和转义字符之外的其他字符，这些字符将按原样输出。

输出列表是要输出的数据。当列表中出现两个或两个以上数据时需要用","隔开。数据可以是表达式、常量、变量，输出列表与格式说明符按顺序一一对应。

输出列表可以省略，如：

```
printf("hello world!!!");
```

printf（）常用的格式字符见表2-11。

表2-11 printf（）常用的格式字符

| 格式字符 | 说明 | 示例 | 输出结果 |
|---|---|---|---|
| d | 用于输出十进制有符号整数 | printf（"a =% d", a); | a = 5 |
| f | 用于输出浮点数 | printf（"a =% f", a); | a = 6.170 000 |
| c | 用于输出字符 | printf（"c =% c", a); | c = A |
| s | 用于输出字符串 | printf（"s =% s", a); | s = china |
| E, e | 用于输出浮点数的标准指数形式 | printf（"a =% e", a); | a = 8.723 000 e + 04 |
| X, x | 用于输出无符号十六进制整数 | printf（"a =% x", a); | a = f 4 |
| o | 用于输出无符号八进制整数 | printf（"a =% o", a); | a = 775 |

注：假设表中变量被正确赋值。

格式控制字符串中还可以插入附加格式符号，也称修饰符，见表2-12。

表2-12 printf（）附加格式符号

| 附加格式符号 | 作用 |
|---|---|
| l | 用于长整型输出，可加在格式控制符 d、o、x、u 前面 |
| m（正整数） | 数据最小宽度 |
| .n（正整数） | 用于实数时表示输出 n 位小数，用于字符串时表示截取 n 个字符 |
| − | 输出数字或字符按左对齐方式，右面补空格 |

> **说明**
>
> 附加格式符号"1"可在"%"与格式控制符之间加入，如"%ld"表示输出十进制长整型数据。

（1）可在"%"与格式控制符之间加入一个正整数，代表数据的最大列宽，如"%5d"表示显示列宽为 5。当显示列宽大于实际输出时根据是否有附加格式符号"−"来补空格，不包含"−"时在左边补空格，包含"−"时在右边补空格。

（2）可在"%"和"f"之间加入一个正整数 m 来限制列宽输出浮点数，如果不加 m 限制则默认整数全部输出，小数输出 6 位。还可在"%"和"f"之间加一个浮点数"%m.nf"，整数 m 指定数据的列宽，整数 n 指定小数位数，如果实际输出数据长度小于指定列宽则按有无"−"来补空格。

（3）用"%"和"s"格式字符来输出某个字符串时，如：

```
printf("%s", "Hello world!");
```

输出结果为：

```
Hello world!
```

可在"%"和"s"之间加一个浮点数"%m.ns"，整数 m 为输出字符串长度，整数 n 表示取前 n 个字符序列。如果实际输出数据长度小于指定列宽则按有无"-"来补空格，如：

当 m＜n 时，m 自动取 n 值，保证输出所有 n 个字符，如：

```
printf("*****%6.7s*****","Hello world");
```

输出结果为：

```
*****Hello w*****
```

printf（）格式符举例见表 2-13。

表 2-13　printf（）格式符举例

| 输出语句 | 输出结果 | 说明 |
|---|---|---|
| printf（"%5d"，"222"）; | □□222 | 输出 5 位整数，右对齐，左边补齐空格 |
| printf（"%-5d"，"222"）; | 222□□ | 输出 5 位整数，右对齐，右边补齐空格 |
| printf（"%2d"，"222"）; | 222 | 输出数据超过指定列宽，按实际数据输出 |
| printf（"%05d"，"222"）; | 00222 | 在列宽前加一个 0，代表输出一个小于列宽的数值时，在输出项前用 0 补齐 |
| printf（"%6s"，"HTML"）; | □□HTML | 输出列宽为 6 的字符串，右对齐，左边补空格 |
| printf（"%6.2f"，"31.4"）; | □31.40 | 输出 6 位浮点数，小数 2 位，整数 3 位，小数点 1 位，不够 6 位右对齐 |
| printf（"%.2f"，"31.4"）; | 31.40 | 整数原样输出，小数输出 2 位 |
| printf（"%.3s"，"HTML"）; | HTM | n>m，n 为 3，输出 3 位字符 |

注：□代 1 位空格。

## 2.3.2　格式化输入函数 scanf（）

格式化输入函数 scanf（）按指定的格式读入键盘输入的数据并存入指定的内存区域中，其调用格式为：

**scanf（格式控制字符串，地址列表）**

其中，格式控制字符串与 printf（）相似，可以包含普通字符和控制字符，普通字符按原样输入，控制字符见表 2-14。地址列表是由多个地址组成的列表，可以是变量地址或其他地址形式。

表 2-14　scanf（）格式字符

| 格式字符 | 说明 |
|---|---|
| d，i | 用于输入十进制符号整数 |
| f | 用于输入浮点数 |
| c | 用于输入字符 |
| s | 用于输入字符串 |
| E，e | 用于输入浮点数的标准指数形式 |
| X，x | 用于输入无符号十六进制整数 |
| o | 用于输入无符号八进制整数 |
| l | 用于长整型输入和 double 型数据（%lf 或%le）输入，可加载在格式控制符 d、o、x、u 前 |
| h（正整数） | 数据最小宽度 |
| m（正整数） | 指定输入数据列宽 |
| * | 输出数字或字符按左对齐方式对齐，右面补空格 |

思考下列程序的输出结果。

```c
#include <stdio.h>
int main()
{
    char c1,c2,c3;
    int a,b;
    unsigned u;
    double x,y;
    scanf("%c%c%c",&c1,&c2,&c3);
    printf("%c%c%d\n",c1+32,c2,c3);
    scanf("a=%d,b=%d",&a,&b);
    printf("a+b=%d a*b=%d\n",a+b,a*b);
    scanf("%ld",&u);
    printf("c=%#x\n",u);
    scanf("%lf,%lf",&x,&y);
    printf("%lf",x>y?x:y);
    scanf("%d%c%lf",&a,&c1,&x);
    printf("a=%d c1=%c x=%.2lf\n",a,c1,x);
    return 0;
}
```

使用 scanf（）注意：

（1）格式控制字符串中出现的普通字符必须按原样输入，如：

```
scanf（"a=%d,b=%d",&a,&b);
```

输入应为：

```
a=1,b=2✓
```

（2）地址列表中只能出现地址，不能是变量名，如：

```
scanf（"a=%d,b=%d",&a,&b);
```

不能写成：

```
scanf（"a=%d,b=%d",a,b);
```

**注意**

> 编译时不会报错，但不能正确输入。

（3）在使用"%c"输入字符时，转义字符、空格等符号是作为有效字符输入的，如：

```
scanf（"%c%c%c",&c1,&c2,&c3);
```

如果输入：

```
b□↙
```

编译系统会把 b 送给 c1，空格送给 c2，回车送给 c3。

（4）输入数据时不能指定精度，如：

```
scanf("%lf,%lf",&x,&y);
```

不能写成：

```
scanf("%7.3lf,%.5lf",&x,&y);
```

（5）输入数据时，遇到以下情况会认为输入结束：

① 遇到空格或回车或跳格（Tab）键；

② 指定宽度结束；

③ 遇到非法输入，如：

```
scanf("%d%c%f", &a,&c1,&x);
```

输入如下所示：

```
12k12k.238↙
```

第一项数据对应"%d"，输入"12"后遇到字符"k"，系统会认为"12"后面已经没有数字了，第一个数据输入结束。"k"被传给变量 c1，因为字符型变量只能接受一个字符，所以系统判定该字符输入结束，这里不需要输入空格，继续读入"12"。由于"12"后是字符"k"，系统判定此次输入结束，把"12"传给变量 x，后面几个字符没有被读入。最后变量 a 的值为 12，变量 c1 的值为 k，变量 x 的值为 12.00。

## 2.3.3　字符输出函数 putchar（）

putchar（）函数输出 1 个字符，其调用格式为：

putchar（参数）

例如：

```
putchar ('a')
putchar (75)
putchar ('a'+5)
putchar ('\n')
```

**说明**

（1）putchar（）一次只能输出 1 个字符。

（2）putchar（）可直接用整型作为参数，输出对应 ASCII 的字符。

（3）putchar（）可输出转义字符。

（4）在使用该函数之前必须要加载 stdio.h 头文件，语句为：

```
#include <stdio.h>
```

【例 2.15】 依次输出字符"L""O""V""E"。

源程序如下：

```c
#include <stdio.h>
int main()
{
    //定义 4 个字符型变量 a、b、c、d 并赋初值
    char c1='L';
    char c2='O';
    char c3='V';
    char c4='E';
    //输出变量的值
    putchar(c1);
    putchar(c2);
    putchar(c3);
    putchar(c4);
    putchar('\n');
    return 0;
}
```

程序运行结果：

```
LOVE
请按任意键继续.
```

## 2.3.4  字符输入函数 getchar（）

getchar（）函数输入一个字符，其调用格式为：

getchar（）

> **注意**
>
> （1）getchar（）从计算机默认输入设备（键盘）输入一个字符，如果输入多个字符也只接受第一个。
> （2）getchar（）没有参数。
> （3）getchar（）接收到的字符作为返回值可赋值给字符型或整型变量，也可不赋值。
> （4）getchar（）在键盘上输入的字符不能有引号，以回车结束输入。
> （5）getchar（）使用前要使用 include 命令包含头文件 stdio.h。

【例 2.16】 利用字符输入函数输入字符，再利用字符输出函数输出字符。

源程序如下：

```c
#include <stdio.h>
int main()
```

```
{
    char c1,c2,c3;            //定义 3 个字符变量 c1、c2、c3
    //通过字符输入函数为变量赋值
    c1=getchar();
    c2=getchar();
    c3=getchar();
    //输出变量的值
    putchar(c1);
    putchar(c2);
    putchar(c3);
    return 0;
}
```

程序运行结果：

```
A
B请按任意键继续. . .
```

第一个 getchar（）接收到的是"A"，第两个是回车，第三个是"B"。所以"A""B"之间有换行。连续输入"ABC"，得到运行结果：

```
ABC
```

注意

不要在输入一个字符后马上按回车，这样会让系统把回车作为字符输入。

## 2.4  程 序 举 例

【例 2.17】  将整数赋值给字符型变量。
源程序如下：

```
#include <stdio.h>
int main()
{
    char c1,c2;                      //定义字符型变量 c1、c2
    //将整数存入变量 c1、c2
    c1=97;
    c2=98;
    printf("%c %c\n",c1,c2);      //以字符输出 c1、c2
    printf("%d %d\n",c1,c2);      //以整数输出 c1、c2
    return 0;
}
```

程序运行结果：

```
a b
97 98
请按任意键继续. . .
```

【例 2.18】 大小写字母的转换。

源程序如下：

```
#include <stdio.h>
int main()
{
    char c1,c2;                    //定义字符型变量c1、c2
    //将字符a、b存入变量c1、c2中
    c1='a';
    c2='b';
    //将字符a、b转换成大写字母A、B存入变量c1、c2中
    c1=c1-32;
    c2=c2-32;
    printf("%c %c\n",c1,c2);       //输出变量c1、c2
    return 0;
}
```

程序运行结果：

```
A B
请按任意键继续. . .
```

【例 2.19】 强制类型转换。

源程序如下：

```
#include <stdio.h>
int main()
{
    float x;                       //定义浮点型变量x
    int i;                         //定义整型变量i
    x=7.6;                         //为变量x赋初值
    i=(int)x;                      //将x强制转换成整型，并存入变量i中
    printf("x=%f,i=%d\n",x,i);     //输出变量x、i
    return 0;
}
```

程序运行结果：

```
x=7.600000,i=7
请按任意键继续. . .
```

# 习题

## 一、选择题

1. 下列关于单目运算符＋＋和--的叙述中正确的是（　　　）。
    A．运算对象可以是任何变量和常量
    B．运算对象可以是 char 变量和 int 变量，但不能是 float 变量
    C．运算对象可以是 int 变量，但不能是 double 变量和 float 变量
    D．运算对象可以是 char 变量、int 变量和 float 变量

2. 若变量均已正确定义并赋值，以下合法的 C 语言赋值语句是（　　　）。
    A．x = y == 5;　　B．x = n％2.5;　　C．x + n = i;　　　　　D．x = 5 = 4 + 1;

3. C 语言中 char 类型数据占字节数为（　　　）。
    A．3　　　　　　B．4　　　　　　　C．1　　　　　　D．2

4. 执行以下程序时输入 "1234567"，输出结果是（　　　）。

```
#include
main()
{
    int a =1,b;
    scanf("%3d%2d",&a,&b);
    printf("%d%d\n",a,b);
}
```

    A．12367　　　　　B．12346　　　　　C．12312　　　　D．12345

5. 以下选项中可用作 C 程序合法实数的是（　　　）。
    A．.1c0　　　　　B．3.0e0.2　　　　C．E9　　　　D．9.12E

6. 若定义语句：

```
int  k1=10, k2=20;
```

执行表达式"（k1 = k1 ＞ k2）&&（k2 = k2 ＞ k1）"后，k1 和 k2 的值分别为（　　　）。
    A．0 和 1　　　　B．0 和 20　　　　C．10 和 1　　　D．10 和 20

7. 关于字符常量，以下叙述正确的是（　　　）。
    A．空格不是字符常量
    B．字符常量能包含大于 1 个的字符
    C．单引号中的大写字母和小写字母代表的是相同的字符常量
    D．所有的字符常量都可以作为整型量来处理

8. 若有以下定义（设 int 类型变量占 2 个字节）

```
int i=8,j=9;
```

则以下语句：

```
printf("i=%%d,j=%%%d\n",i,j);
```

输出结果是（　　　）。

    A．i＝8，d＝9             B．i＝％d，j＝％8

    C．i＝％d，j＝％d          D．8，9

9．字符串"\\\"ABCDEF\"\\"的长度是（　　　）

    A．11          B．10          C．5          D．3

10．若 x＝4，y＝5，则 x＆y 的结果是（　　　）。

    A．0          B．4          C．3          D．5

11．以下选项中非法的表达式是（　　　）。

    A．a＋1＝a＋1             B．a＝b＝＝0

    C．（Char．（100＋100．       D．7＜＝X＜60

12．关于 C 语言中数的表示，以下叙述正确的是（　　　）。

    A．只有整型数在允许范围内能精确无误地表示，实型数会有误差

    B．只要在在允许范围内整型数和实型数都能精确地表示

    C．只有实型数在允许范围内能精确无误地表示，整型数会有误差

    D．只有八进制表示的数不会有误差

13．若函数中有定义语句：

```
int a;
```

则（　　　）。

    A．系统将自动给 a 赋初值为 0     B．系统将自动给 a 赋初值-1

    C．这时 a 中的值无意义          D．这时 a 中无任何值

## 二、程序设计题

1．输入 3 个整型数，求最大值和最小值。

2．输入三角形的 3 个边长，输出三角形面积。

3．输入一个华氏温度 F，根据所给公式输出摄氏温度。

$$C=\frac{5}{9}(F-31)$$

# 第3章 顺序结构程序设计

结构化程序设计的基本思想是自顶向下、逐步求精的程序设计方法和单入口、单出口的控制结构。在结构化程序设计中，顺序、选择和循环是 3 种基本程序结构框架。顺序结构由两个程序模块串接而成，如图 3-1 所示，先执行 A 模块再执行 B 模块。通过这种方法可以将许多顺序执行的语句合并成比较大的模块，程序只能从顶部（入口）进入模块，执行模块中的语句，依次执行完所有的语句后，再从模块的底部（出口）退出。

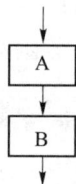

图 3-1  顺序结构流程

## 3.1  C 语言程序设计的基本程序语句

C 语言提供了多种语句来实现顺序结构、分支结构和循环结构。本节介绍这些基本语句及其应用，使读者对 C 程序有一个初步的认识，为后面各章的学习打好基础。

C 程序的执行部分是由语句组成的。程序的功能也是由执行语句实现的。C 语句分为表达式语句、函数调用语句、复合语句、空语句和控制语句。

### 1. 表达式语句

表达式语句由表达式末尾加上分号";"组成。分号是语句中不可缺少的组成部分。
表达式的一般形式为：

**表达式；**

例如：

```
a=3;
i=i+1;    //是语句
```

### 2. 函数调用语句

函数调用语句的一般形式为：

**函数名（实际参数表）；**

　　函数在 C 语言中是一段具有特定功能的程序，在任务执行完毕以后可以返回执行结果，即函数的返回值。

　　在 C 语言中，函数分为标准库函数和用户自定义函数。标准库函数是 C 语言自带的，需要时可以直接调用。用户自定义函数是用户根据需要编写的。

　　标准库函数和用户自定义函数使用时都需要调用。

　　函数调用语句有以下两种形式：

　　（1）需要函数的返回值时用变量记录函数的返回值。

```
ch=getchar();              /*从键盘接收一个字符赋值给变量 ch*/
```

　　（2）不需要函数的返回值时可以直接调用。

```
printf("This is a C Program");
/*调用输出函数printf()，输出字符串"This is a C Program"*/
```

　　因此，在调用函数时必须首先明确是需要用到函数的返回值，还是只需要函数的特定功能，从而决定函数的调用方法。

### 3. 复合语句

　　把若干个连续的语句用大括号"{}"括起来组成的语句称复合语句，又称语句块。

　　一般形式为：

{

　　可执行语句；

}

　　例如：

```
#include <stdio.h>
main()
{
  int  a=3;
  {
    int x=5;
    x=x+a;
  }
  a++;
}
```

> **注意**
>
> （1）复合语句是 1 条语句，如上面程序中 main（）中只有 3 条语句。
> （2）复合语句内的各条语句以分号"；"结尾，在括号"}"外不能加分号。
> （3）复合语句内可以定义变量，该变量只在复合语句中有效。

#### 4. 空语句

只有分号";"组成的语句称为空语句。空语句是什么也不执行的语句，在程序中可用来作为流程的转向点，也可用来作为循环语句中的循环体。

例如：

```
for(i=1;i<=100;i++);
```

#### 5. 控制语句

控制语句用于控制和改变程序的流向，以实现程序的各种结构方式。它们由特定的语句定义符组成。C 语言的控制语句见表 3-1。

表 3-1  C 语言的控制语句

| 类型 | 语句 |
|------|------|
| 条件判断语句 | if，switch |
| 循环执行语句 | Do…while，while，for |
| 转向语句 | break，goto，continue，return |

## 3.2  程  序  举  例

【例 3.1】  从键盘输入 3 个数，输出其平均值。

源程序如下：

```c
#include <stdio.h>
main()
{
  int a,b,c;                    //定义整型变量 a、b、c
  float aver;                   //定义浮点型变量 aver
  printf ("\n Input a,b,c:");
  scanf("%d%d%d",&a,&b,&c);     //输入 3 个整数,为变量 a、b、c 赋值
  aver=(a+b+c)/3.0;            //求出 3 个整数的平均值并赋值给变量 aver
  printf("aver=%7.2f\n",aver);  //输出变量 aver
}
```

程序运行结果：

```
Input a,b,c:
1 6 2
aver=    3.00
请按任意键继续. . .
```

【例 3.2】  从键盘任意输入 2 个整型变量的值，交换后输出。

源程序如下：

```c
#include <stdio.h>
main()
```

```
{
    int x,y,t;                                    //定义 3 个整型变量, 其中 t 作为中间变量
    printf("\nInput x,y:");
    scanf("%d%d",&x,&y);                          //输入 2 个整数, 为变量 x、y 赋值
    //利用中间变量 t 交换 x 与 y 的值
    t=x;
    x=y;
    y=t;
    printf("After exchange: x=%d,y=%d\n",x,y);    //输出变量 x、y 的值
}
```

程序运行结果:

```
Input x,y:23 15
After exchange: x=15,y=23
```

交换 x、y 的值有多种方法, 请仔细思考, 认真体会。

【例 3.3】 从键盘任意输入一个三位整数, 输出各位数字。

**解题思路**: 本例要求设计一个从三位整数中分离出它的个位、十位和百位数的算法。例如, 输入 "123", 则输出分别是 "1" "2" "3", 最低位数字可用对 10 求余的方法得到, 如 123%10＝3; 最高位的百位数字可用对 100 整除的方法得到, 如 123／100＝1; 中间位的数字既可通过将其变换为最高位后再整除的方法得到, 如 (123－1×100)／10＝2, 也可通过将其变换为最低位再求余的方法得到, 如 (456／10)％10＝5。

根据以上的分析, 这个程序的编写思路如下:

(1) 定义整型变量 x, 用于存放用户输入的三位整数, 再定义 3 个整型变量 b0、b1、b2, 用于存放计算后的个位、十位和百位数;

(2) 调用函数 scanf () 输入该三位整数;

(3) 利用上述计算方法计算该数的个位、十位和百位数;

(4) 输出计算结果。

源程序如下:

```
#include <stdio.h>
main()
{
    int x,b0,b1,b2;                          /*变量定义*/
    printf("please input an integer x:");    /*提示用户输入一个整数*/
    scanf("%d",&x);
    b2=x/100;                                /*求百位*/
    b1=(x/10)%10;                            /*求十位*/
    b0=x%10;                                 /*求个位*/
    printf("b2=%d, b1=%d, b0=%d\n",b2,b1,b0);
}
```

程序运行结果:

```
please input an integer x:
123
b2=1, b1=2, b0=3
```

**【例3.4】** 输入一个大写字母，输出其对应的小写字母。

源程序如下：

```
#include <stdio.h>
main()
{
  char ch;                    //定义一个字符变量 ch
  printf ("please input a letter ch:\n");
  scanf("%c",&ch);            //输入一个字符为变量 ch 赋值，也可以使用 ch=getchar();为其赋值
  ch+=32;                     //完成大小写字母的变换
  printf("ch=%c\n",ch);       //输出变量 ch 的值，也可以使用 putchar();为其赋值
}
```

程序运行结果：

```
please input a letter ch:
A
ch=a
请按任意键继续. . .
```

**【例3.5】** 输入长方形的长和宽，计算周长并显示计算结果。

源程序如下：

```
#include <stdio.h>
main()
{
  float length,wide,C;    //定义变量 length、wide 和 C，用于存放长方形的长、宽和周长
  printf("input length and wide:");
  scanf("%f%f",&length,&wide);        //输入长方形的长 length 和宽 wide；
  C=(length+wide)*2;                  //利用公式计算 C=(length+wide)×2；
  printf("C=%7.2f\n",C);              //输出周长 C。
}
```

程序运行结果：

```
input length and wide:
3.0  5.0
C=  16.00
```

**【例3.6】** 输入三角形的 3 条边，计算三角形的面积并显示计算结果。

源程序如下：

```
#include <stdio.h>
```

```
#include <math.h>
main()
{
  //定义变量a、b、c存入三角形的3条边，变量s存储中间计算结果，变量area存储三角形的面积
  float a,b,c,s,area;
  printf("input three numbers:");
  scanf("%f%f%f",&a,&b,&c);            //输入3个浮点数，存入变量a、b、c中
  s=0.5*(a+b+c);                        //计算（a+b+c）/2存入变量s
  area=sqrt(s*(s-a)*(s-b)*(s-c));       //计算三角形的面积，存入变量area
  printf("area=%.2f\n",area);           //输出三角形的面积
}
```

程序运行结果：

```
input three numbers:
3.0 4.0 5.0
area=6.00
```

## 习题

### 一、单项选择题

1. 以下选项中不是 C 语句的是（    ）。

    A．++i         B．k＝I;         C．;         D．a＝1，b＝2;

2. 定义语句：

```
int a=5,b;
```

不能给 b 赋值为 2 的赋值语句是（    ）。

    A．b＝a/2;     B．b＝b＋2;     C．b＝2％a;     D．b＝3，b＝2;

3. 设 x 和 y 均为 int 变量，下列语句的功能是（    ）。

```
x+=y;y=x-y;x-=y;
```

    A．把 x 和 y 从小到大排列       B．把 x 和 y 从大到小排列
    C．无确定结果         D．交换 x 和 y 的值

4. 以下程序的输出结果是（    ）。

```
#include <stdio.h>
main()
{
  int a=20,b=10;
  printf("%d,%%d\n",a+b,a-b);
}
```

    A．30，%d     B．30，10     C．30，%10     D．以上答案均不正确

5. 以下程序的输出结果是（    ）。

```
#include <stdio.h>
main()
{
 char c='z';
 printf("%c",c-25);
}
```

    A. a               B. z               C. z-25        D. y

## 二、程序设计题

1. 输入矩形的长和宽，计算矩形的面积并显示计算结果。

2. 输入一个三位的正整数，逆序输出对应的数。

3. 编写程序，输入 3 个值 a、b、c，输出其中最大值。

4. 任意输入 2 个正整数，将其合并成一个数输出，如输入"45"和"56"，输出"4556"。

# 第4章

<<<<<

# 选择结构程序设计

选择结构根据某个具体条件的判断结果来决定执行相对应的语句，也称为判断结构或分支结构。

## 4.1 if 语句

if 语句在执行时先对给定的条件进行判断，再根据判断的结果执行对应的语句。在 C 语言中，条件成立为 1，条件不成立为 0。

C 语言中的 if 语句包括单分支、双分支和多分支 3 种表现形式。

## 4.1.1 单分支结构

单分支结构的一般形式为：

**if（表达式）语句；**

单分支结构执行语句时，先判断表达式的值，若表达式成立则执行表达式后面的语句；若表达式不成立，则跳过 if 后面的语句，执行 if 的下一条语句，如图 4-1 所示。

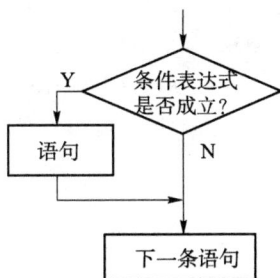

图 4-1 单分支结构流程

【例 4.1】 输入一个整型数，输出该数的绝对值。

源程序如下：

```
#include <stdio.h>
main()
{
  int a;
  printf ("please input an integer a:\n");
  scanf("%d",&a);
  if(a<0)
    a=-a;
  printf("%d\n",a);
}
```

程序运行结果：

```
please input an integer a:
-3
3
请按任意键继续. . .
```

> **说明**
>
> （1）if 语句中的表达式可以为逻辑表达式或关系表达式，也可以为任何数值类型的表达式，非 0 为"真"，0 为"假"；
> （2）if 后面的（）不能省略；
> （3）if 后面只能跟 1 条语句。如果包含多条语句，必须用"{}"变成复合语句。

【例 4.2】　输入一个正整数，如果该数是偶数则输出它的平方。
　　源程序如下：

```
#include <stdio.h>
main()
{
  int n;                          /*定义一个整型变量 n
  printf("please input an integer a:\n");
  scanf("%d",&n);                 /*从键盘上输入一个正整数，存入变量 n/
  if(a%2==0)                      //判断 n 是否为偶数
    printf("%d,%d\n",n,n*n);      //条件成立，输出 n 和 n 的平方
}
```

程序运行结果：

```
please input an integer a:
8
8,64
请按任意键继续. . .
```

## 4.1.2 双分支结构

双分支结构的一般形式为：

if（表达式）

    语句 1；

else

    语句 2；

双分支结构的执行过程为：计算 if 后面的表达式，若表达式成立，则执行语句 1，否则执行语句 2，如图 4-2 所示。

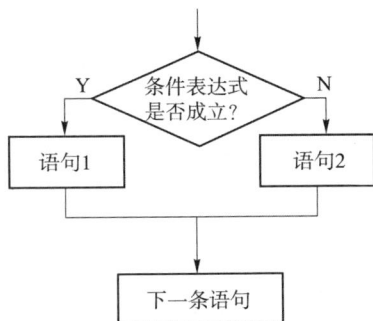

图 4-2　双分支结构流程

【例 4.3】　输入 2 个整数，输出平方值较大者。

源程序如下：

```c
#include <stdio.h>
main()
{
    //定义 3 个整型变量 a、b、max，a 和 b 存入整数，max 存入较大的平方
    int a,b,max;
    printf("please input 2 ints a,b:\n");
    scanf("%d%d",&a,&b);    //从键盘上输入 2 个整数，存入变量 a 和 b 中
    //计算 a×a 和 b×b，比较其大小，将结果较大的变量存放在 max 中
    if(a*a>b*b)
      max=a;
    else
      max=b;
printf("%d\n",max);  //输出变量 max 的值
}
```

程序运行结果：

```
please input 2 ints a,b:
4 -3
4
请按任意键继续. . .
```

【例4.4】 输入3个数，找出其中最小数并输出。

源程序如下：

```
#include <stdio.h>
main()
{
  /*定义4个整型变量a、b、c、min，a、b、c存放输入的3个整数，min用于存放比较结果。
  int a,b,c,min;
  printf("input a,b,c:");
  scanf("%d%d%d",&a,&b,&c); //输入3个整数，分别存入变量a、b、c中，
  //比较a与b的大小，将其中的小数赋值给min。
  if(a<b)
    min=a;
  else
    min=b;
  //比较min与c的大小，将其中的小数赋值给min。
  if(c<min)
    min=c;
  printf("min=%d\n",min);    //输出min
}
```

程序运行结果：

```
input a,b,c:
5 8 4
min=4
```

> **说明**
>
> （1）if和else构成一个完整的结构，else子句表示当条件不满足时应当执行的操作任务，是if结构语句中的一个部分，必须与if配对，不能单独作为一个语句来使用。
>
> （2）if和else后各自包含一个操作语句作为结构的内嵌语句，若要执行多个操作语句，可以用"{}"将多个语句形成一个复合语句来实现。
>
> （3）if和else是结构控制关键字，后面不能加分号";"，而语句1和语句2后面的分号";"是C语句的组成部分，不能省略。如果语句1或语句2是复合语句，在"}"外面则不必加分号";"。
>
> （4）if和if…else语句的条件表达式是一个简单变量时，可以进行简化，例如：
>
> if(x!=0)等价于if(x)
>
> if(x==0)等价于if(!x)
>
> （5）简单的if…else语句可以用条件运算符表达式实现，但不是所有的if…else语句都可以，相反，条件运算符表达式都可以用if…else语句实现。

## 4.1.3  多分支结构

多分支结构的一般形式为：

| if（表达式 1） | 语句 1； |
| else if（表达式 2） | 语句 2； |
| else if（表达式 3） | 语句 3； |
| ⋮ | ⋮ |
| else if（表达式 n） | 语句 n； |
| else | 语句 n+1； |

多分支语句执行过程为：计算表达式 1，结果为"真"（非 0）则执行语句 1，否则计算表达式 2；若表达式 2 的结果为"真"，则执行语句 2，以此类推。若 n 个表达式的结果都为"假"（0），则执行语句 n + 1，如图 4-3 所示。

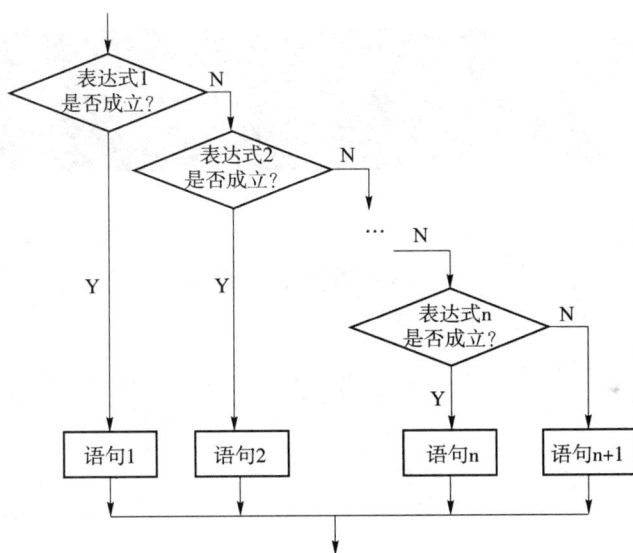

图 4-3  多分支结构的流程

【例 4.5】  输入一个百分制成绩，输出其对应的等级（90～100 分为"A"，80～89 分为"B"，70～79 分为"C"，60～69 分为"D"，0～59 分为"E"）。

源程序如下：

```
#include <stdio.h>
main()
{
    int x;                  //定义一个整型变量x，存放学生的成绩
    char y;                 //定义一个字符型变量y，存放成绩对应的等级
    printf("please input score  x:\n");
    scanf("%d",&x);         //输入一个整数，存入变量x中
    //判断x的范围，得出其等级，并存入变量y中
```

```
  if(x>=90)
    y='A';
  else if(x>=80)
    y='B';
  else if(x>=70)
    y='C';
  else if(x>=60)
    y='D';
  else
    y='E';
  printf("y=%c\n",y);    //输出成绩对应的等级
}
```

程序运行结果：

```
please input score x:
78
y=C
请按任意键继续. . .
```

**说明**

例 4.5 中的 if…else if 格式，还可以采用如下的 if 语句处理：

```
if(x>=90) printf('A');
if(x>=80&&x<90) printf('B');
if(x>=70&&x<80) printf('C');
if(x>=60&&x<70) printf('D');
if(x<60) printf('E');
```

**注意**

使用 if…else if 格式实现多分支结构，实际上是将问题细化成多个层次，并对每个层次使用单、双分支结构的嵌套。当分支条件过多时，用 if 语句实现多分支结构容易使程序结构冗长不清晰，降低程序的可读性。

## 4.1.4　if 语句的嵌套

在上述 3 种 if 语句结构中，当 if（表达式）或 else 后面的语句本身又是一个 if 语句结构时，就形成了 if 语句的嵌套结构。

if（表达式 1）
　if（表达式 2）
　　语句 1;

```
    else
        语句 2;
else
    if（表达式 3）
        语句 3;
    else
        语句 4;
```

**注意**

在缺省花括号"{}"的情况下，if 和 else 的配对关系是：从最内层开始，else 总是与它前面最近且没有和其他 else 配对的 if 配对。

【例 4.6】 判断一个数是正数、负数或零。

源程序如下：

```
#include <stdio.h>
main()
{
    int x;          //定义一个整数变量
    printf("please input an integer x:\n");
    scanf("%d",&x);     //输入一个整数，存入变量 x 中
    //判断 x 的符号并输出判断结果
    if(x!=0)
        if(x>0)
            printf("x 是正数");
        else
            printf("x 是负数");
    else
        printf("x 是零");
}
```

程序运行结果：

```
please input an integer x:
45
x是正数请按任意键继续. . .
```

【例 4.7】 从键盘输入 3 个整数，输出其中的最小数。

源程序如下：

```
#include <stdio.h>
main()
{
```

```
int a,b,c;                    //定义3个整型变量a、b、c
printf("please input 3 ints:");
scanf("%d%d%d",&a,&b,&c);     //从键盘输入3个整数，分别存入变量a、b、c中
printf("The minimum is ");
//比较a、b、c的大小，输出最小值
if(a<b)
  {
    if(a<c)
      printf("a=%d\n",a);     //a为最小值，输出a的值
    else
      printf("c=%d\n",c);     //c为最小值，输出c的值
  }
else
  {
    if(c>b)
      printf("b=%d\n",b);     //b为最小值，输出b的值
    else
      printf("c=%d\n",c);     //c为最小值，输出c的值
  }
}
```

程序运行结果：

```
please input 3 ints:
15 23 19
The minimum is a-15
```

# 4.2   switch 语句

虽然用 if…else 语句可以解决多分支问题，但如果分支较多，会使程序冗长、可读性降低。C 语言提供了专门用于处理多分支情况的语句：switch 语句，其一般形式为：

switch(表达式)
{
　　case 常量表达式 1: 语句 1;[break;]
　　case 常量表达式 2: 语句 2;[break;]
　　　　　　⋮
　　case 常量表达式 n: 语句 n;[break;]
　　default: 语句 n+1;[break;]
}

switch 语句的执行过程是：计算 switch 后面表达式的值，将结果依次与各 case 后面的常量表达式的值进行比较。若相等，则执行该 case 后面的语句。执行时，遇到 break 语句就退出，

否则按顺序执行。若与各 case 后面常量表达式的值都不相等，则执行 default 后面的语句。

【例 4.8】 用 switch 语句实现例 4.4。

源程序如下：

```c
#include <stdio.h>
main()
{
  int a;        //定义一个整型变量 a
  char y;            //定义一个字符型变量 y
  printf("please input score a :\n");
  scanf("%d",&a);           //输出一个整数存入变量 a
  //判断成绩的等级
  switch(a/10)
  {
    case 10: y='A';break;
    case 9: y='A';break;
    case 8: y='B';break;
    case 7: y='C';break;
    case 6: y='D';break;
    default: y='E';break;
  }
  printf("y=%c\n",y);        //输出成绩的等级
}
```

程序运行结果：

```
please input score a:
91
y=A
请按任意键继续. . .
```

> **说明**
>
> （1）switch 语句后不能加分号。
>
> （2）switch 语句表达式的值必须为整型、字符型或枚举类型。
>
> （3）case 常量表达式的值必须为整型、字符型或枚举类型，且互不相同。
>
> （4）若每个 case 和 default 语句都以 break 语句结束，则各个 case 和 default 的位置可以互换。
>
> （5）case 语句可以是任何语句，也可以是空语句，但 default 的后面不能为空。若为复合语句，则花括号"{}"可以省略。
>
> （6）若某个 case 常量表达式的值与 switch 表达式的值相等，则执行该 case 后面的语句。执行完后若没有遇到 break 语句，则不再进行判断，接着执行下一个 case 后面的语句。若想执行完某一语句后退出，就必须在语句最后加上 break 语句。

（7）多个case可以共用一组语句，如例4.8中的程序段：

```
case 10: y='A';break;
case 9: y='A';break;
可以改为：
case 10:
case 9: y='A';break;
```

（8）switch语句可以嵌套，即一个switch语句中可以含有switch语句。

# 4.3 程 序 举 例

【例4.9】 从键盘输入一个整数，判断其是奇数还是偶数。

源程序如下：

```c
#include <stdio.h>
main()
{
  int x;        //定义一个整型变量x
  printf("Input x:");
  scanf("%d",&x);           //输出一个整数存入变量x中
//判断x的奇偶性
  if(x%2==0)
    printf("%d is 偶数\n",x); //输出偶数
  else
    printf("%d is 奇数\n",x);     //输出奇数
}
```

程序运行结果：

```
Input x:
23
23 is 奇数
```

【例4.10】 某分段函数如下，请根据输入的x值，输出相应的y值。

$$y= \begin{cases} -1 & (x<0) \\ 0 & (x=0) \\ 1 & (x>0) \end{cases}$$

源程序如下：

```c
#include <stdio.h>
main()
{
```

```
    int x,y;      //定义整型变量 x、y
    printf("please input an integer x:\n");
    scanf("%d",&x);      //输入一个整数，存入变量 x 中
    //判断 x 的范围，得出其对应的 y
    if(x<0)
      y=-1;
    else if(x==0)
        y=0;
      else
        y=1;
    printf("x=%d,y=%d\n",x,y);//输出 y 的值
}
```

程序运行结果：

```
please input an integer x:
-2
x=-2,y=-1
请按任意键继续. . .
```

【例 4.11】 输入一个带符号的整数，输出该数的位数。

源程序如下：

```
#include <stdio.h>
main()
{
  int x,y;                //定义整型变量 x、y
  prinft("please input an integer x:\n");
  scanf("%d",&x);      //输入一个整数，存入变量 x 中
  //判断 x 的符号，将负数的相反数赋值给 x
  if(x<0)
    x=-x;
  //判断 x 的范围，得出 x 的位数，赋值给 y
  if(x<10)
    y=1;
  else if(x<100)
    y=2;
  else if(x<1000)
    y=3;
  else if(x<10000)
    y=4;
  else
    y=5;
```

```
    printf("%d is %d bit number\n",x,y);   //输出位数 y
}
```

程序运行结果：

```
please input an integer x:
91
91 is 2 bit number
请按任意键继续. . .
```

【例 4.12】 编写一个程序，根据输入的月份，输出 2019 年该月的天数。
源程序如下：

```
#include <stdio.h>
main()
{
  int month,day;                 //定义整型变量 month 和 day
  printf("please input month:\n");
  scanf("%d",&month);            //输入一个整数，存入变量 month 中
  //判断该月的天数
  switch(month)
  {
    case 1:
    case 3:
    case 5:
    case 7:
    case 8:
    case 10:
    case 12: day=31;break;    //1 月、3 月、5 月、7 月、8 月、10 月和 12 月有 31 天
    case 4:
    case 6:
    case 9:
    case 11: day=30;break;    //4 月、6 月、9 月和 11 月有 30 天
    case 2: day=28;break;     //2 月有 28 天
    default: day=-1;          //输入的数字无效
  }
  if(day==-1)
    printf("invalid month input!\n");    //提示输入无效
  else
    printf("2019.%d has %d days.\n",month,day); //输入月份的天数
}
```

程序运行结果：

```
please input month:
2
2019.2 has 28 days
请按任意键继续. . .
```

【例 4.13】 编程模拟一个简易计算器，完成整数的四则运算。

源程序如下：

```
#include <stdio.h>
main()
{
  int x,y;                            //定义整型变量 x、y
  char ch;                            //定义字符型变量 ch
  printf("请按 1+2 的格式输入\n");
  scanf("%d%c%d",&x,&ch,&y);          //输入两个整数和一个字符，分别存入 x、y 和 ch
  switch(ch)
  //判断 ch 的值，并输出运算结果
  {
    case '+': printf("%d\n",x+y);break;   //输出加法运算的结果
    case '-': printf("%d\n",x-y);break;   //输出减法运算的结果
    case '*': printf("%d\n",x*y);break;   //输出乘法运算的结果
    case '/': if(y!=0)                     //判断除数是否为 0
                printf("%d\n",x*1.0/y);    //除数不为 0，输出除法运算的结果
              else
                printf("除数不能为 0\n");    //除数加 0，输出提示
              break;
    default: printf("输入的符号不合法\n");    //提示输入的符号不合法
  }
}
```

程序运行结果：

```
请按1+2的格式输入
4*5
20
```

## ● 习 题

### 一、选择题

1. 下列语句的结果是（      ）。

```
int x=10,y=20,z=30;
if(x>y)  z=x;x=y;y=z;
```

A．x = 10，y = 20，z = 30          B．x = 20，y = 30，z = 30
C．x = 20，y = 30，z = 10          D．x = 20，y = 30，z = 20

2．请阅读以下程序：

```
#include <stdio. h>
main()
{
  int a=5,b=5,c=0;
  if(a==b+c)
    printf("***\n");
  else
    printf("$$$\n");
}
```

以下关于程序运行结果说法正确的是（    ）。

　　A．有语法错误不能通过编译　　　B．可以通过编译但不能通过连接
　　C．输出"***"　　　　　　　　　D．输出"$$$"

3．C语言对嵌套 if 语句的规定是：else 语句总是与（    ）配对。

　　A．其之前最近的 if　　　　　　　B．第一个 if
　　C．缩进位置相同的 if　　　　　　D．该 else 语句之前最近的且尚未配对的 if

4．执行下列程序后，变量 i 的正确结果是（    ）。

```
int i=10;
switch(i)
{
  case 9: i+=1;
  case 10: i+=1;
  case 11: i+=1;
  default: i+=1;
}
```

　　A．13　　　　　　B．12　　　　　　C．11　　　　　　D．10

## 二、写出下列程序的运行结果

1．程序的运行结果为＿＿＿＿＿＿＿＿。

```
#include <stdio.h>
main()
{
  int a=2,b=3,c;
  c=a;
  if(a>b) c=1;
  else if(a==b) c=0;
      else c=-1;
```

```
    printf("%d\n",c);
}
```

2. 程序的运行结果为_____。

```c
#include <stdio.h>
main()
{
  int a,b,c;
  int s,w,t;
  s=w=t=0;
  a=-1;b=3;c=3;
  if(c>0)
    s=a+b;
  if(a<=0)
  {
    if(b>0)
      if(c<=0)
        w=a-b;
  }
  else if(c>0)
      w=a-b;
    else t=c;
  printf("%d %d %d",s,w,t);
}
```

3. 若 grade = 'C'，则下列程序的运行结果为_____。

```c
switch(grade)
{
  case 'A': printf("85－100\n");
  case 'B': printf("70－84\n");
  case 'C': printf("60－69\n");
  case 'D': printf("<60\n");
  default: printf("error!\n");
}
```

4. 程序的运行结果为_____。

```c
#include <stdio.h>
main()
{
  int x,y=1,z;
```

```
   if(y!=0)
      x=5;
   printf("\t%d\n",x);
   if(y==0)
      x=4;
   else
      x=5;
   printf("\t%d\n",x);
   x=1;
   if(y<0)
      if(y>0)
         x=4;
      else
         x=5;
   printf("\t%d\n",x);
}
```

5. 程序的运行结果为_____。

```
#include <stdio.h>
main()
{
   int x,y=-2,z;
   if((z=y)<0)
      x=4;
   else
      if(y==0)
         x=5;
      else
         x=6;
   printf("\t%d\t%d\n",x,z);
   if(z=(y==0))
      x=5;
   printf("\t%d\t%d\n",x,z);
   if(x=z=y)
      x=4;
   printf("\t%d\t%d\n",x,z);
}
```

6. 程序的运行结果为_____。

```
#include <stdio.h>
```

```
main()
{
  int x=1,y=0,a=0,b=0;
  switch(x)
  {
    case 1: switch(y)
            {
              case 0: a++;break;
              case 1: b++;break;
            }
    case 2: a++;b++;break;
  }
  printf("a=%d,b=%d",a,b);
}
```

7. 程序的运行结果为_____。

```
#include <stdio.h>
main()
{
  int a=1,b=3,c=5;
  if(c==a+b)
    printf("yes\n");
  else
    printf("no\n");
}
```

8. 程序的运行结果为_____。

```
#include <stdio.h>
main()
{
  int a=10,b=50,c=30;
  if(a>b)
    a=b;
  b=c;
  c=a;
  printf("a=%d b=%d c=%d\n",a,b,c);
}
```

9. 程序的运行结果为_____。

```
#include <stdio.h>
```

```
main()
{
  float a,b,c,t;
  a=3;b=7;c=1;
  if(a>b){ t=a;a=b;b=t;}
  if(a>c){ t=a;a=c;c=t;}
  if(b>c){ t=b;b=c;c=t;}
  printf("%5.2f,%5.2f,%5.2f",a,b,c);
}
```

10. 程序的运行结果为_____。

```
#include <stdio.h>
main()
{
  float c=3.0,d=4.0;
  if(c>d)
    c=5.0;
  else
    if(c==d)
      c=6.0;
    else
      c=7.0;
  printf("%.1f\n",c);
}
```

11. 程序的运行结果为_____。

```
#include <stdio.h>
main()
{
  int m=5;
  if(m++>5)
    printf("%d\n",m);
  else
    printf("%d\n",m--);
}
```

12. 程序的运行结果为_____。

```
#include <stdio.h>
main()
{
```

```
  int x=0,a=0,b=0;
  switch(x)
  {
    case 0: b++;
    case 1: a++;
    case 2: a++;b++;
  }
  printf("a=%d,b=%d\n",a,b);
}
```

13. 程序的运行结果为＿＿＿＿＿＿＿＿＿。

```
#include <stdio.h>
main()
{
  int x=-10,y=1,z=1;
  if(x<y)
    if(y<0)
      z=0;
    else
      z=z+1;
  printf("%d\n",z);
}
```

14. 程序的运行结果为＿＿＿＿＿＿＿＿＿。

```
int a=10,b=50,c=30;
if(a<b)
{
  a=b;
  b=c;
  c=a;
}
printf("a=%2d b=%2d c=%2d\n",a,b,c);
```

**三、程序设计题**

1. 输入一个字符，如果是大写英文字母，则将其转换为小写字母并输出；如果不是大写英文字符，则直接输出该字符。

2. 输入 3 个数，按照从小到大的顺序输出。

3. 套餐 A 用户无月租费，话费为 0.6 元/min；套餐 B 用户月租费为 50 元，话费为 0.4 元/min。输入一个月的通话时间，分别计算出两种方式的费用，判断哪一种套餐更划算并输出。

4．运输公司按照以下标准收取运输费用，路程（s）越远，单位运费越低。

| | |
|---|---|
| s < 250 | 没有折扣 |
| 250 ≤ s < 500 | 2%折扣 |
| 500 ≤ s < 1 000 | 5%折扣 |
| 1 000 ≤ s < 2 000 | 8%折扣 |
| 2 000 ≤ s < 3 000 | 10%折扣 |
| 3 000 ≤ s | 15%折扣 |

编写程序，输入路程，显示运费。

5．编写程序，按照考试成绩的等级输出百分制分数段，A 等为 85 分以上，B 等为 70～84 分，C 等为 60～69 分，D 等为 60 分以下。成绩的等级由键盘输入。

6．试编程判断输入的正整数是否既是 5 又是 7 的整倍数。若是，则输出"yes"，否则输出"no"。

7．输入整数 x、y 和 z，若 $x^2+y^2+z^2 > 1\,000$，则输出 $x^2+y^2+z^2$ 千位以上的数字，否则输出 3 个数的和。

# 第5章

# 循环结构程序设计

计算机高级语言提供了循环控制，用来处理重复的操作。大多数的应用程序都会使用循环结构。熟练使用选择结构和循环结构是进行程序设计最基本的要求。

C 语言中，循环结构有 3 种实现方式：while 循环（当型）、do…while 循环（直到型）和 for 循环（计数）。

## 5.1 while 语句

while 语句的一般形式为：

**while（表达式）**

　　**循环体**

其中，表达式可以是任意类型，一般为关系表达式或逻辑表达式，其值为循环条件。循环体可以是任何语句。

while 语句的执行过程为：

（1）计算 while 表达式的值，若其结果为非 0，则转（2），否则转（3）。

（2）执行循环体，转（1）。

（3）退出循环，执行循环体下面的语句。

其流程如图 5-1 所示。

while 语句的特点是：先判断表达式，后执行循环体。

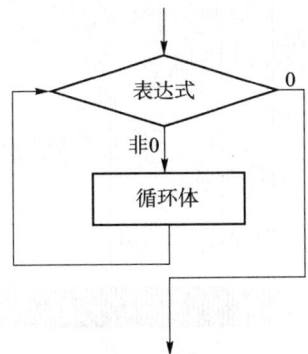

图 5-1　while 语句流程图

> **说明**
>
> （1）while 是 C 语言的关键字，要小写。
>
> （2）while 后的表达式可以是 C 语言中任意合法的表达式，但不能为空，由它来控制循环体是否执行。
>
> （3）若循环体内有多条语句，则必须使用"{}"构成一条复合语句。

（4）一般有两种方式结束循环：一是正常结束（即不满足循环条件）；二是中途结束（用 break 语句）。

**注意**

（1）当 while 后的条件表达式一开始就为 0 时，while 语句的循环体一次都不执行。

（2）不要把由 if 语句构成的分支结构与由 while 语句构成的循环结构混淆。若 if 后条件表达式的值为非 0，if 子句只可能执行 1 次，而 while 后条件表达式的值为非 0 时，其后的循环体语句可能重复执行。在设计循环时，通常应在循环体内改变条件表达式中有关变量的值，使条件表达式的值最终变为 0，以结束循环。

（3）当循环体需要无条件循环时，条件表达式可以设为 1，但在循环体内要有带条件的非正常出口，如 break 等。

【例 5.1】 用 while 语句求 1～100 的自然数之和。

源程序如下：

```c
#include <stdio.h>
main()
{
  int i=1,sum=0;                //定义整型变量 i 和 sum,并赋初值
  //求 1～100 的自然数之和
  while(i<=100)
  {
    sum=sum+i;
    i++;
  }
  printf("sum=%d\n",sum);       //输出 1～100 的自然数之和
}
```

程序运行结果：

```
sum=5050
```

（1）变量 sum 用来存放求和的中间值，变量 i 用来存放求和过程中的加数。程序开始时将 sum 赋值为 0，i 赋值为 1。这称为变量的初始化。

（2）由于 i 的初始值是 1，关系表达式 i <= 100 的值为"真"，执行循环体语句，将 i 的值累加到 sum 上，并且 i 的值自加 1。

（3）i 自加 1 后的值是 2，关系表达式 i <= 100 的值仍为"真"，继续执行循环体，将 i 的值累加到 sum 上，并且 i 的值自加 1。

（4）重复执行循环体至 i 的值是 100 时，将 i 的值累加到 sum 上，i 自加 1 后，i 的值是 101，i <= 100 的值为"假"，退出 while 循环，执行 printf（），输出变量 sum 的值。

【例 5.2】 从键盘上输入 10 个整数，输出偶数的个数及偶数和。

源程序如下：

```
#include <stdio.h>
main()
{
  int i,n=0,sum=0,a; //定义 4 个整型变量 i、n、sum、a,并为 n 和 sum 赋初值
  i=1;
  printf("please input 10  ints\n"); //提示输入 10 个整数
  while(i<=10)
  {
    scanf("%d",&a);              //输入 1 个整数，存入变量 a 中
    if(a%2==0)                   //判断 a 的奇偶性
    {
      n++;
      sum+=a;
    }
    i++;
  }
  printf("n=%d  sum=%d\n",n,sum);    //输出偶数的个数和偶数和
}
```

程序运行结果：

```
please input  10 ints
1 2 3 4 5 6 7 8 9 10
n=5   sum=30
请按任意键继续. . .
```

## 5.2  do…while 语句

do…while 语句的一般形式为：

do

　　循环体

while(表达式);

其中，表达式可以是任意类型，一般为关系表达式或逻辑表达式，其值为循环条件。循环体可以是任意语句。

do…while 语句的执行过程为：

（1）执行循环体语句；

（2）计算 while 后表达式的值，若其结果为非 0 则转（1），否则转（3）；

（3）退出循环，执行循环体下面的语句。

其流程如图 5-2 所示。

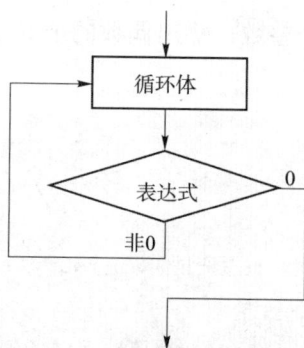

图 5-2  do⋯while 语句流程图

（1）while 后面的括号"（）"不能省略。

（2）while 最后面的分号"；"不能省略。

（3）while 后面的表达式可以是任意类型的表达式，但一般是条件表达式或逻辑表达式。表达式的值是循环的控制条件。

（4）语句部分称为循环体，当需要执行多条语句时，应使用复合语句。

注意

do⋯while 语句与 while 语句的区别在于 do⋯while 先执行后判断，因此至少要执行一次循环体；while 先判断后执行，如果条件不满足，则循环体语句一次也不执行。

【例 5.3】 用 do⋯while 语句求 1～100 的自然数之和。

源程序如下：

```
#include <stdio.h>
main()
{
  int i=1,sum=0;        //定义整型变量 sum，用于存放和数；定义整型变量 i，用于控制循环
  do
  {
    sum=sum+i;          //累计求和
    i++;                //循环变量加 1
  }while(i<=100);       //判断循环条件是否成立
  printf("sum=%d\n",sum);   //输出结果
}
```

程序运行结果：

```
sum=5050
```

【例 5.4】 计算使 $1+2+3+\cdots+n$ 刚好大于或等于 500 时整数 i 的值，并输出 i 的值和此时的累加和。

源程序如下：

```c
#include <stdio.h>
main()
{
  int i=0,sum=0;        //定义整型变量 sum，用于存放和数；定义整型变量 i，用于控制循环
  do
  {
    i++;               //循环变量加 1
    sum=sum+i;         //累计求和
  }while(sum<500);     //判断循环条件是否成立
  printf("i=%d sum=%d\n",i,sum);      //输出结果
}
```

程序运行结果：

```
i=32 sum=528
```

关于 do…while 语句的用法，还要注意以下几点：

（1）如果 do…while 后的表达式的值开始就为"假"，循环体还是要执行 1 次。例如：

```c
int i=101,sum=0;
do
{
  sum=sum+i;
  i++;
}while(i<=100);
```

（2）在 if 语句、while 语句中，表达式后面都不能加分号，而在 do…while 语句的表达式后面则必须加分号，否则将产生语法错误。

（3）循环体中的语句可为任意类型的 C 语句。

（4）和 while 语句一样，在使用 do…while 语句时，不要忘记初始化循环控制变量，否则执行的结果将是不可预知的。

（5）要在 do…while 语句的表达式或循环体内改变循环控制变量的值，否则容易形成死循环。

## 5.3　for 语句

for 语句的一般形式为：

for（表达式 1；表达式 2；表达式 3）

　　循环体

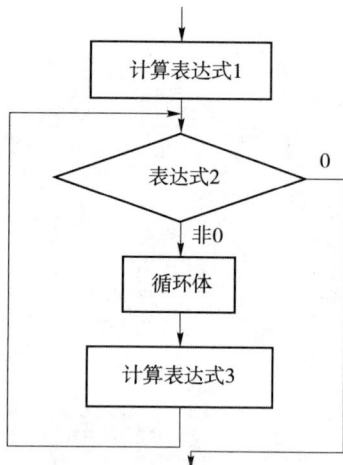

图 5-3　for 语句流程图

其中，循环体可以是任意语句。表达式可以是任意类型，一般情况下，表达式 1 用于给循环变量赋初值，表达式 2 用于说明循环条件，表达式 3 用于修正某些变量的值。

for 语句的执行过程为：

（1）计算表达式 1。

（2）计算表达式 2，若其值为非 0，则转（3），否则转（5）。

（3）执行循环体。

（4）计算表达式 3，转（2）。

（5）退出循环，执行循环体下面的语句。

其流程如图 5-3 所示。

for 语句的特点是：先判断表达式，后执行循环体。

【例 5.5】　用 for 语句求 1～100 的自然数之和。

源程序如下：

```c
#include <stdio.h>
main()
{
    int i,sum=0;
    for(i=1;i<=100;i++)
    //i=1 为循环变量赋初值，i<=100 是循环条件，i++修正循环变量
        sum=sum+i;
    printf("sum=%d\n",sum);
}
```

程序运行结果：

```
sum=5050
```

在 for 语句中，在分号必须保留的前提条件下，3 个表达式的任何一个都可以省略，因此 for 语句又有如下省略形式。

（1）表达式 1 省略：

**for（；表达式 2；表达式 3）循环体**

此时应在 for 语句之前给变量赋初值。如例 5.5 的程序段：

```c
for(i=1;i<=100;i++) sum=sum+i;
```

可以改写成：

```c
i=1;
for(;i<=100;i++) sum=sum+i;
```

（2）表达式 2 省略：

**for（表达式 1；；表达式 3）循环体**

此时认为表达式 2 的值始终为"真"，如果循环本中不包含 break 语句或 goto 语句，循

环就无法终止，是死循环，如例 5.5 的程序段：

```
for(i=1;i<=100;i++) sum=sum+i;
```

可以改写成：

```
for(i=1;;i++) {if(i>100) break; sum=sum+i;}
```

（3）表达式 3 省略：
**for（表达式 1；表达式 2；）循环体**
此时应在循环体中修正循环变量，如例 5.5 的程序段：

```
for(i=1;i<=100;i++) sum=sum+i;
```

可以改写成：

```
for(i=1;i<=100;) { sum=sum+i;i++;}
```

以上只是简单地说明 for 语句中表达式的省略情况，此外 for 语句可以同时省略两个表达式，如表达式 1 和表达式 3 可以同时省略，此时相当于 while 语句。for 语句的 3 个表达式可以都省略，请自己认真思考。

# 5.4  break 语句和 continue 语句

## 5.4.1  break 语句

break 语句的一般形式为：
break;
break 语句的功能：用于 switch 语句时，程序跳转至 switch 语句下面的语句；用于循环语句时，程序跳转至循环体下面的语句。
**【例 5.6】**判断输入的正整数是否为素数，如果是素数则输出"Yes"，否则输出"No"。
**解题思路：**判断一个数 n 是不是素数，用 n 分别除以 2 到 n - 1，若有一个除尽则不是素数，若全部不能除尽则是素数。
源程序如下：

```
#include <stdio.h>
main()
{
  int m,i;    //定义整型变量 m，用于存放从键盘输入的整数；定义整型变量 i，用于控制循环
  printf("please input an integer m:\n");    //提示输入一个整数
  scanf("%d",&m);                           //输入一个整数
  //利用循环体判断输入的整数是否为素数
  for(i=2;i<=m-1;i++)
```

```
    if(m%i==0)
      break;                //输入的整数不是素数，退出循环
  if(i>=m)
    printf("Yes");        //输入的整数是素数，输出"Yes"
  else
    printf("No");         //输入的整数不是素数，输出"No"
}
```

程序运行结果：

```
please input an integer m:
17
Yes请按任意键继续. . . .
```

## 5.4.2  continue 语句

continue 语句的一般形式为：

**continue;**

continue 语句的功能：结束本次循环，跳过循环体中尚未执行的语句，判断是否执行下一次循环的判断。在 while 语句和 do…while 语句中，continue 把程序跳转到 while 后面的表达式；在 for 语句中，continue 把程序跳转到表达式3。

【例5.7】  计算 1～100 之间分别能够被2、4、8 整除的整数个数。

源程序如下：

```
#include <stdio.h>
main()
{
  //定义一个整型变量i,用于控制循环;定义整型变量n2、n4、n8，分别用于存放能够被2、
  //4、8 整除的整数个数
  int i,n2=0,n4=0,n8=0;
  //利用循环实现从 1 累计到 100
  for(i=1;i<=100;i++)
  {
    //判断变量 i 是否为 2 的倍数，如果是则继续执行循环，如果不是则结束本次循环
    if(i%2) continue;
    n2++;
    //判断变量 i 是否为 4 的倍数，如果是则继续执行循环，如果不是则结束本次循环
    if(i%4) continue;
    n4++;
    //判断变量 i 是否为 8 的倍数，如果是则继续执行循环，如果不是则结束本次循环
    if(i%8) continue;
    n8++;
```

```
    }
    printf("n2=%d n4=%d n8=%d",n2,n4,n8);        //输出结果
}
```

程序运行情况：

```
n2=50 n4=25 n8=12
```

# 5.5 循环嵌套

一个循环结构的循环体中有另一个循环结构叫循环嵌套。这种嵌套过程可以有很多重。一个循环外面仅包围 1 层循环叫二重循环，一个循环外面包围 2 层循环叫三重循环，一个循环外面包围多层循环叫多重循环。

for 语句、while 语句、do…while 语句可以互相嵌套，自由组合。在使用循环嵌套时，应注意以下几点：

（1）在嵌套的各层循环中，应尽量使用复合语句；

（2）内层和外层循环控制变量不应同名，以免造成混乱；

（3）循环嵌套最好采用右缩进的格式书写，以保证层次的清晰性；

（4）循环嵌套不能交叉，即在一个循环体内必须完整地包含另一个循环结构。

循环嵌套执行时，先由外层循环进入内层循环，并在内层循环终止之后接着执行外层循环，再由外层循环进入内层循环。当外层循环全部终止时，循环结构结束。

【例 5.8】 求 100～200 以内的素数，按每行输出 4 个符合条件数的格式输出。

源程序如下：

```
#include <stdio.h>
main()
{
  int n,j,i=0;
  for(n=100;n<=200;n++)
  {
    //判断某数是否为素数
    for(j=2;j<n;j++)
      if(n%j==0)
        break;
    if(j>=n)
    {
      i++;
      printf("%8d",n);
      if(i%4==0)
        printf("\n");
    }
```

```
  }
}
```

程序运行情况：

```
  101      103      107      109
  113      127      131      137
  139      149      151      157
  163      167      173      179
  181      191      193      197
  199
```

# 5.6  goto 语句

goto 为无条件转移语句，其一般形式为：

**goto 语句标号；**

其中，语句标号是一个标识符，在 goto 语句所在的函数中必须存在，并且其后必须跟一个冒号（:），冒号的后面可以没有语句，也可以是任何语句。

goto 语句的功能：无条件地控制程序跳转至语句标号处。

goto 语句既可以与 if 语句一起实现循环，也可以从循环嵌套的内层循环跳到外层循环外。

# 5.7  程 序 举 例

【例 5.9】 从键盘任意输入 10 个整数，统计其中奇数个数及偶数个数。

**解题思路**：从键盘任意输入 10 个整数是一个重复的操作，可以用循环来实现，用这个数%2 判断其奇偶性。

源程序如下：

```c
#include <stdio.h>
main()
{
  int a,s0=0,s1=0,i;
  for(i=1;i<=10;i++)
  {
    scanf("%d",&a);
    if(a%2==0)
      s0++;
    else
      s1++;
  }
  printf("s0=%d   s1=%d",s0,s1);
}
```

程序运行情况:

```
1 2 3 4 5 6 7 8 9 10
s0=5    s1=5
```

【例 5.10】　输出 100~1 000 以内所有的水仙花数。水仙花数是指一个数等于组成这个数的各位的数字的立方之和,如 $153 = 1^3 + 5^3 + 3^3$。

**解题思路:**　要判断一个数是否是水仙花数,需要求出该数各位上的数字,再验证该数是否等于每位上的数字的立方和。设 n 是 100~1 000 以内的一个三位数,用 n1、n2、n3 来表示个位、十位和百位上的数,则利用 n1 = n%10、n2 = n/10%10、n3 = n/100 来求 n 的各位上的数字。

源程序如下:

```c
#include <stdio.h>
main()
{
  int n, n1,n2,n3;
  for(n=100;n<1000;n++)
  {
    n1=n%10;
    n2=n/10%10;
    n3=n/100;
    if(n==n1*n1*n1+n2*n2*n2+n3*n3*n3)
      printf("%6d",n);
  }
}
```

程序运行情况:

```
   153    370    371    407
```

【例 5.11】　从键盘输入正整数 m 和 n,求这两个数的最大公约数和最小公倍数。

**解题思路:**　利用辗转相除法求两个数的最大公约数和最小公倍数。辗转相除法指:将 a 对 b 求余,如果余数为 0,则 b 为最大公约数;如果余数不为 0,则将 b 赋值给 a,余数赋值给 b,继续执行 a 对 b 求余运算,如此反复,直到余数为 0。

源程序如下:

```c
#include <stdio.h>
main()
{
  int a,b,c,m,n,t,max,min;
  printf("please input 2 ints m,n:\n");
  scanf("%d%d",&m,&n);
  t=m*n;
```

```
    if(m<n)
    {
      a=n;
      b=m;
    }
    else
    {
      a=m;
      b=n;
    }
    c=a%b;
    while(c!=0)
    {
      a=b;
      b=c;
      c=a%b;
    }
    max=b;
    min=t/max;
    printf("max=%d,min=%d\n",max,min);
}
```

程序运行情况：

```
please input  2 ints m,n:
12 21
max=3,min=84
请按任意键继续. . .
```

【例 5.12】 根据公式

$$S = 1 + \frac{1}{1+2} + \frac{1}{1+2+3} + \cdots + \frac{1}{1+2+3+\cdots+n}$$

求前 20 项之和。

**解题思路**：本题完成一个累加和递推的运算，可以使用 for 循环来完成。用变量 sum 存放累加和，初值为 0，用 t 存放累计量，$t = 1 + 2 + 3 + \cdots + i$。

源程序如下：

```
#include <stdio.h>
main()
{
  int t=0,i;
  float sum=0.0;
  for(i=1;i<=20;i++)
  {
```

```
    t+=i;
    sum+=1.0/t;
  }
  printf("sum=%f\n",sum);
}
```

程序运行情况：

```
sum=1.904762
```

## 习题

### 一、选择题

1. C 语言中 while 和 do…while 的主要区别是（    ）。

    A. do…while 的循环体至少无条件执行一次

    B. while 的循环控制条件比 do…while 的循环控制条件严格

    C. do…while 允许从循环体外部转到循环体内部

    D. do…while 的循环体不能是复合语句

2. 以下关于 do…while 语句说法正确的是（    ）。

    A. 由于 do…while 循环中循环体语句只能是一条可执行语句，因此循环体内不能使用复合语句

    B. do…while 循环由 do 开始，用 while 结束，在 while（表达式）后面不能写分号

    C. 在 do…while 循环体中，一定要有能使 while 后面表达式的值变为 0（假）的操作

    D. do…while 循环可以根据情况省略 while

3. 关于下列程序段描述正确的是（    ）。

```
int k=10;
while(k) k=k-1;
```

    A. while 循环执行 10 次        B. 循环是无限循环

    C. 不执行循环体语句        D. 循环体语句执行 1 次

4. 下列循环语句中有语法错误的是（    ）。

    A. while（x＝y）5；        B. while（0）；

    C. do 2；  while（x＝＝b）；        D. do x ++  while（x＝＝10）；

5. 下列语句的执行结果是（    ）。

```
int i=1;
while(i++<4);
```

    A. 3        B. 4        C. 5        D. 6

6. 下列语句中的表达式"!E"等价于（    ）。

```
while（!E）；
```

    A. E＝＝0        B. E！＝1        C. E！＝0        D. E＝＝1

7. 下面程序段的运行结果是（　　　）。

```
a=1;b=2;c=2;
while(a<b<c) {t=a;a=b;b=t;c--;}
printf("%d,%d,%d",a,b,c);
```

    A. 1，2，0      B. 2，1，0      C. 1，2，1      D. 2，1，1

8. 已知 i＝1，j＝0；执行下面语句后 j 的值是（　　　）。

```
while(i)
  switch(i)
{
    case 1: i+=1;j++;break;
    case 2: i+=2;j++;break;
    case 3: i+=3;j++;break;
    default: i--;j++;break;
}
```

    A. 1         B. 2         C. 3         D. 死循环

9. 若有定义：

```
int x,y;
```

则下面循环语句的循环次数为（　　　）。

```
for(x=0,y=0;(y!=123) || (x<4);x++);
```

    A. 无限次      B. 不确定      C. 4 次      D. 3 次

**二、根据程序实现的功能，将程序补充完整**

1. 下列程序的功能是把从键盘上输入的 10 个整数取绝对值后输出。

```
#include <stdio.h>
main()
{
  int x,i;
  for(i=1;i<=10;i++)
    {
      scanf("%d",&x);
      if(x<0)
    {_____
      printf("%d,\n",x);
    }
}
```

2. 下列程序的功能是输出 1～100 能被 7 整除的所有整数。

```c
#include <stdio.h>
main()
{
  int i;
  for(i=1;i<=100;i++)
  {
    if(i%7)_____
      printf("%5d",i);
  }
}
```

3. 下面程序的功能是求 1～1 000 满足"用 3 除余 2，用 5 除余 3，用 7 除余 2"的数，且一行只打印 5 个数。

```c
#include <stdio.h>
main()
{
  int i,j=0;
  for(i=1;i<1000;i++)
    if(_____)
    {
      printf("%4d",i);
      j=j+1;
      if(j%5==0) printf("\n");
    }
}
```

4. 等差数列的首项 a = 2，公差 d = 3。下面程序的功能是在前 n 项和中，输出能被 4 整除的所有数的和。

```c
#include <stdio.h>
main()
{
  int a,d,sum;
  a=2;d=3;sum=0;
  do
  {
    sum+=a;
    a+=d;
    if(_____)
      printf("%d\n",sum);
```

```
    }while(sum<200);
}
```

## 三、写出下列程序的运行结果

1. 若运行以下程序时，从键盘输入"2473↙"，程序的运行结果为_____。

```
#include <stdio.h>
main()
{
  int c;
  while((c=getchar())!='\n')
  switch(c-'2')
  {
    case 0:
    case 1: putchar(c+4);
    case 2: putchar(c+4); break;
    case 3: putchar(c+3);
    default: putchar(c+2); break;
  }
  printf("\n");
}
```

2. 下面程序的运行结果是_____。

```
#include <stdio.h>
main()
{
  int a,s,n,count;
  a=2;s=0;n=1;count=1;
  while(count<=7)
    { n=n*a;
    s=s+n;
    ++count;}
  printf("s=%d",s);
}
```

3. 下面程序的运行结果为_____。

```
#include <stdio.h>
main()
{
  int y=10;
  do{y--;}
```

```
    while(--y);
    printf("%d\n",y--);
}
```

4．下面程序运行结果为_____。

```
#include <stdio.h>
main()
{
    int i,sum;
    for(i=1,sum=10;i<=3;i++)
        sum+=i;
    printf("%d\n",sum);
}
```

## 四、程序设计题

1．输入 n 值，输出如图所示高为 n 的等腰三角形。

```
        *
       ***
      *****
     *******
    *********
   ***********
```

2．输出九九乘法表。

3．从键盘任意输入一个数 n，输出该数的阶乘 n!。

4．求斐波那契数列的前 20 项。斐波那契数列为 1，1，2，3，5，8，13，…，n。

5．输入一行字符，分别统计出其中英文字母、空格、数字和其他字符的个数。

6．某分数序列 $\dfrac{2}{1}$，$\dfrac{3}{2}$，$\dfrac{5}{3}$，$\dfrac{8}{5}$，$\dfrac{13}{8}$，$\dfrac{21}{13}$，…，求出这个数列的前 20 项之和。

7．猴子吃桃问题。猴子第 1 天摘下若干个桃子，当即吃了一半，又多吃了 1 个；第 2 天早上将剩下的桃子吃掉一半，又多吃了 1 个。以后每天早上都吃了前一天剩下的桃子的一半零一个。到第 10 天早上想吃时，只剩下 1 个桃子了。编程求第 1 天猴子共摘了多少个桃子。

# 第6章

## 指针

指针是 C 语言中一个十分重要的概念。正确而灵活地运用指针，可以使程序简洁、紧凑、高效。利用指针变量不仅可以有效地表示各种数据结构，也可以传递参数，动态地分配存储空间。

## 6.1 指针引入

为了弄清楚什么是指针，首先必须知道数据在内存当中是如何存储的，使用者又是如何读取数据的。

假设在程序中，我们定义了一个变量，那么在程序进行编译时，系统会为此变量分配内存空间。至于分配多大的内存空间，是由编译系统根据程序中定义的变量类型决定的。在计算机中，存储空间是线性排列的，是一个以字节为单位的连续存储空间。为了正确访问这些内存单元，必须为每个内存单元编号。内存单元的编号称为内存单元地址。通过地址可以找到所需的变量单元。

我们将地址形象化地称为指针，通过它能找到以它为地址的内存单元。这就如同楼房的单元号一样，如果没有单元号，就不便于管理。

在程序中定义的变量是存放数据的一个抽象，在执行存取操作时需要按其在内存的位置进行。

【例6.1】 显示变量在内存中存放的位置。

源程序如下：

```c
#include <stdio.h>
main()
{
  int a;
  printf("%d\n",&a);
}
```

程序运行结果：

```
2740224
请按任意键继续. . .
```

# 6.2 指针变量

存放地址的变量是指针变量，它用来指向另一个对象（如变量、数据、函数、结构体等）。那么我们应该如何定义和使用指针变量呢？

指针是一个变量的地址。指针变量是专门存放变量地址的变量，其定义形式为：

**数据类型 \*指针变量名；**

例如：

```
int *p1;
```

若将整型变量 a 的地址存放在另一个变量 p 中，必须将 p 定义为整型的指针变量，程序段如下：

```
int a;
int *p;
p=&a;
```

"\*" 为指针变量的标志，a 的地址通过取地址运算符 "&" 得到。指针类型必须与指向的变量类型一致。

将变量 a 的地址赋值给 p 后，称 p 为变量 a 的指针。当指针 p 指向变量 a 之后，可以通过指针 p 完成对变量 a 的各种操作。

【例 6.2】 通过指针变量访问整型变量。

源程序如下：

```
#include <stdio.h>
main()
{
  int a,*p;
  a=3;
  p=&a;
  printf("%d,\n",a);
  printf("%d\n",*p);
}
```

程序运行结果：

```
3,3
请按任意键继续. . .
```

程序中出现两处*p，它们的含义不同。程序第 4 行的*p 定义一个指针变量，此时前面的"*"表示该变量是指针变量。程序第 8 行的*p 表示指针变量*p 所指向的变量。

# 6.3 指针变量的引用

在引用指针变量时，主要有以下两种情况：
（1）给指针变量赋值，如例 6.2 中的语句：

```
p=&a;
```

指针变量 p 的值是变量 a 的地址，p 指向 a。
（2）引用指针变量指向的变量，如例 6.2 中的语句：

```
printf ("%d\n", *p);
```

这条语句的作用是以整数形式输出指针变量 p 所指向的变量的值。

注意

要想对指针变量操作得心应手，应熟练掌握以下两个运算符：
（1）& ：取地址符。&a 表示变量 a 的地址。
（2）* ：指针运算符。*p 代表指针变量 p 指向的对象。

【例 6.3】 输入 a 和 b 两个整数，按照从大到小的顺序输出。
源程序如下：

```
#include <stdio.h>
main()
{
  int *p1,*p2,*p,a,b;
  printf("please input  2 ints a,b:\n");
  scanf("%d%d",&a,&b);
  p1=&a;
  p2=&b;
  if(a<b)
  {
    p=p1;
    p1=p2;
    p2=p;
  }
```

```
printf("a=%d,b=%d,\n",a,b);
printf("max=%d,min=%d,\n",*p1,*p2);
}
```

程序运行结果：

```
please input  2 ints a,b:
3 5
a=3,b=5,
max=5,min=3,
请按任意键继续. . .
```

# 6.4  程 序 举 例

【例6.4】　用指针指向两个整型变量，通过指针运算选出最小值。

源程序如下：

```
#include <stdio.h>
main()
{
  int a,b,min,*pa,*pb,*pmin;
  pa=&a;
  pb=&b;
  pmin=&min;
  printf("please input 2 ints:\n");
  scanf("%d%d",pa,pb);
  printf("a=%d,b=%d\n",a,b);
  *pmin=*pa;
  if(*pa>*pb)
  *pmin=*pb;
  printf("min=%d \n",min);
}
```

程序运行结果：

```
please input  2 ints:
12 45
a=12,b=45
min=12
请按任意键继续. . .
```

## 习题

一、选择题

1. 变量指针是指该变量的（　　　）。

　　A. 值　　　　　　B. 地址　　　　　　C. 名称　　　　　　D. 一个标志

2．若有语句：

```
int *p,a=4;
```

和语句：

```
p=&a;
```

下面均代表地址的是（　　）。

 A．a，p，*&a       B．&*a，&a，*p

 C．*&p，*p，&a      D．&a，&*p，p

3．若有语句：

```
int *p,m=5,n;
```

以下正确的程序段是（　　）。

 A．p = &n; scanf（"%d"，&p）;    B．p = &n; scanf（"%d"，*p）;

 C．scanf（"%d"，&n）; *p = n;    D．p = &n; *p = m;

4．若有语句：

```
int x,*p;
```

则以下正确的赋值表达式是（　　）。

 A．p = &x    B．p = x    C．*p = &x    D．*p = *x

5．如果 x 是整型变量，则合法的形式是（　　）。

 A．&（x + 5）    B．*x     C．&*x     D．*&x

6．若有语句：

```
int a=2, *p=&a, *q=p;
```

则以下非法的赋值语句是（　　）。

 A．p = q;    B．*p = *q;    C．a = *q;    D．q = a;

7．若有语句：

```
int a=511, *b=&a;
```

则

```
printf("%d\n",*b);
```

的输出结果为（　　）。

 A．无确定值    B．a 的地址    C．512     D．511

8．已有定义：

```
int a=2, *p1=&a, *p2=&a;
```

下面不能正确执行的赋值语句是（　　）。

 A．a = * p1 + *p2;      B．p1 = a;

 C．p1 = p2;        D．a = *p1 * （*p2）;

# 第7章

# 数组

整型、字符型、浮点型数据是简单的数据类型，简单的问题用这些数据类型就可以了。但是，对于有些需要处理的数据，只用简单的数据类型是远远不够的。

例如，我们要处理一个班同学的成绩，想知道每个科目的平均成绩，及每个人的平均成绩，如果采用以前的方法，则需要定义多个变量。此时要知道一个学校所有学生的情况，要处理的数据属于同一个类型，可以用同一个名字（如 s）来代表它们，而在名字的右下角加一个数字来表示这是第几名学生的成绩，例如，可以用 $s_1$ 代表学生 1，$s_2$ 代表学生 2，$s_3$ 代表学生 3……。此时，右下角的数字称为下标，一批具有同名的同属性数据就组成一个数组（array），s 就是数组名。

（1）数组是一组有序数据的集合。数组中各数据的排列是有一定规律的，下标代表数据在数组中的序号。

（2）用一个数组名（如 s）和下标（如 10）来唯一地确定数组中的元素，如 $s_{10}$ 代表第 10 个学生的成绩。

（3）数组中的每个元素都属于同一个数据类型，不能把不同类型的数据（如学生的成绩和学生的家庭住址）放在同一个数组中。

## 7.1　一维数组及指针

一维数组是最简单的数组，其元素只需要用数组各加一个下标即可唯一确定。

### 7.1.1　一维数组的定义

一维数组定义的一般形式为：

**类型标识符　数组名［常量表达式］;**

其中，类型标识符表示数组的数据类型，即数组元素的数据类型。数组可以是任意数据类型，如整型、浮点型、字符型等。常量表达式可以是任意类型，一般为算术表达式，其值表示数组元素的个数，即数组长度。数组名要遵循标识符的取名规则，如：

```
int a[10];
```

上述语句定义了一个一维数组，数组名为 a，数据类型为整型，数组中有 10 个元素，分别是 a[0]、a[1]、a[2]、a[3]、a[4]、a[5]、a[6]、a[7]、a[8]、a[9]。

**说明**

（1）数组变量的命名规则与变量名相同，要符合 C 语言标识符的命名规则。

（2）数组变量名后面的"[]"是数组的标志，它决定了数组中数组元素的个数，也称为数组的长度，必须是一个固定的值。

（3）数组的最后用分号结尾。

定义一维数组时注意以下几点：

（1）数组定义时，必须指定数组的大小（或长度），数组大小必须是常量表达式，不能是变量或变量表达式。

例如，下面对数组的定义是错误的。

```
int n=10;
int a[n];        //数组的大小不能是变量
int c[n+10];     //数组的大小不能是变量表达式
```

（2）数组定义后，系统将为其分配一定大小的内存单元，其所占内存单元的大小与数组元素的类型、数组的长度有关。计算数组所占内存单元的字节数公式如下：

**数组所占内存单元的字节数 = 数组大小 × sizeof（数组元素类型）**

例如：

```
int a[20];
```

数组 a 所占内存单元的大小为 $20 \times sizeof(int) = 20 \times 2 = 40$。

（3）数组中每个元素的类型相同，占用内存中连续的存储单元，其中第一个数组元素的地址是整个数组所占内存块的低位地址，也是数组所占内存块的首地址，最后一个数组元素的地址是整个数组所占内存块的高位地址（末地址）。

## 7.1.2  一维数组的初始化

在定义数组的同时，可以对数组的全部元素或部分元素赋初值，称为数组的初始化。

1）全部元素初始化

在对数组的全部元素初始化时，可以不指定数组的长度，如：

```
int a[10]={0,1,2,3,4,5,6,7,8,9};
```

等价于：

```
int a[]={0,1,2,3,4,5,6,7,8,9};
```

a[0]到 a[9]的值分别为 0、1、2、3、4、5、6、7、8、9。

在一些 C 语言版本中，若数组的存储类型为 static，且没有初始化，编译系统则自动对数组进行初始化，将数值型数组的全部元素初始化为 0，将字符型数组的全部元素初始化为空（'\0'）。如：

```
static int a[10];
```

数组元素 a[0]到 a[9]的值都为0。

2）部分元素初始化

部分元素初始化时，数组的长度不能省略并且是赋值给前面的元素，没有被赋值的数值型数组元素的值为0，字符型数组元素的值为空（'\0'）。如：

```
int a[10]={1,2};
```

a[0]的值为1，a[1]的值为2，a[2]到a[9]的值都为0。

## 7.1.3　一维数组元素的引用

可以利用一维数组的下标或指针引用数组元素。

### 1. 下标法

一维数组元素的表示形式为：

**数组名[表达式]**

其中，表达式的类型任意，一般为算术表达式，其值为数组元素的下标。

用下标法引用数组元素时，数组元素的使用与同类型的普通变量相同。

引用一维数组元素时注意以下几点：

（1）一个数组元素是一个变量，代表内存中的一个存储单元，与相应类型的变量具有相同的性质。

（2）一个数组不能整体引用。数组名代表一个地址常量，是整个数组的首地址，是第 1 个元素的地址，也是该连续存储区域的起始地址。

（3）C 语言编译器不检查数组元素的下标是否越界，即引用下标值范围以外的元素，编译器不提示出错信息。但由于下标越界的元素所用的存储空间并非系统分配的，引用时得到的是一个随机值，向这些存储单元中存储数据可能会破坏系统，因此，引用时应避免数组越界。

【例7.1】　利用数组实现数据的输入和输出操作。

源程序如下：

```
#include <stdio.h>
main()
{
  int i,a[10];
  //逐个输入数组元素
  for(i=0;i<10;i++)
    scanf("%d",&a[i]);
  //逐个输出数组元素
```

```
    for(i=0;i<10;i++)
        printf("%d ",a[i]);
}
```

程序运行结果：

```
1 2 3 4 5 6 7 8 9 10
1 2 3 4 5 6 7 8 9 10
```

不能用数组名输入和输出数值型数组的全部元素，只能输入和输出单个元素。上面的程序不能写成：

```
printf("%d",a);
```

同样，

```
for(i=0;i<=9;i++)
scanf("%d",&a[i]);
```

不可以写成：

```
for(i=0;i<=9;i++)
scanf("%d",a);
```

**【例 7.2】** 用冒泡排序法将 10 个整数按照从小到大的顺序排序。

**解题思路：**

排序算法是将一系列类似的数据按升序或降序排列的过程，冒泡排序法是其中的一种，其排序思路如下：

假设数组有 n 个数组元素，从下标为 0 的元素开始，比较相邻两个元素的大小，如果前面的元素大于后面的元素，则交换两个元素的值。

第 1 轮：从下标为 0 的元素到下标为 n-1 的元素，依次比较相邻两个数组元素的大小。比较 n-1 次后，n 个数中最大的数被交换到最后一个数的位置上，这样大的数"沉底"，小的数"浮起"；

第 2 轮：仍然从下标为 0 的元素开始，到下标为 n-2 的数组元素为止，对余下的 n-1 个数重复上述过程，比较 n-2 次后，将 n 个数中第二大的数交换到下标为 n-2 的倒数第二个位置上；

依此类推，重复以上过程 n-1 次，分别将 n 个数中最大的数到第 n-1 大的数"沉底"到相应位置，n 个数全部排序完毕。

源程序如下：

```
#include <stdio.h>
main()
{
    int i,j,t,a[10];
    printf("input 10 numbers:\n");
    //输入 10 个数
```

```
for(i=0;i<10;i++)
    scanf("%d",&a[i]);
for(i=1;i<10;i++ )              //轮次
    for(j=0;j<10-i;j++)         //实现一次冒泡操作
        if(a[j]>a[j+1])
        {
            t=a[j];
            a[j]=a[j+1];
            a[j+1]=t;
        }
    for(i=0;i<10;i++)
        printf("%d ",a[i]);
}
```

程序运行结果：

```
input 10 numbers:
4 5 2 1 9 8 10 7 6 3
1 2 3 4 5 6 7 8 9 10
```

### 2. 指针法

C 语言规定，数组存储空间的首地址存放在数组名中，即数组名指向下标为 0 的数组元素。因此，数组名不仅是一个标识符，也是一个地址常量。另外，数组中的每个元素都有地址。根据指针的概念，指向数组的指针变量存放该数组的起始地址，指向数组元素的指针变量存放数组元素的地址。指向数组的指针可进行的运算如下：

（1）赋值运算。例如：

```
int a[10],*p;
p=&a[3];
```

上面的程序将元素 a[3]的地址赋给指针变量 p，即指针变量 p 指向数组 a 中下标为 3 的元素。

（2）指向数组元素的指针可以加（减）一个整型数。假设 p 是指向数组元素的指针，n 是一个整型数，则 p 加（减）n 的含义是使 p 的原值（地址）加（减）n 个数组元素所占的字节数，即 $p+n*d$，其中 d 代表一个数组元素占用的字节数，如 int 型为 4（在 Turbo C 中为 2），float 型为 4。

例如，a+3 实际代表 a+3*2，即 a+3 指向 a[3]；如果 p 指向 a[2]，则 p-1 实际代表 p-1*2，即 p-1 指向 a[1]。

由此可知，如果指针变量 p 的值为&a[0]，则&a[i]、a+i 和 p+i 是等价的，它们都表示数组元素 a[i]的地址。

（3）指向数组元素的指针变量可以进行自加或自减运算，自加后指向原来指向元素的下一个元素，自减后指向原来指向元素的上一个元素。例如，指针 p 指向 a[2]，则++p 指向 a[3]，--p 指向 a[1]。数组名是常量，不能进行自加或自减运算。

（4）若两个指针指向同一个数组的元素，则两个指针可以进行减运算，其含义为两个指针之间的数组元素个数。例如，p 指向 a[2]，则 p－a＝2，2 表示 p 和 a 之间有两个数组元素。

（5）若两个指针指向同一个数组元素，则可以进行关系运算。例如，p 指向 a[2]，则 p＞a 为"真"，p＞a＋4 为"假"。

1）通过数组名法引用一维数组元素

前面已经介绍数组元素的引用方式。有定义 int a[10];，a[0]是其中的一个元素，该元素的地址表示为&a[0]，也可以表示为 a 或 a＋0，同理 a[1]的地址为&a[1]或 a＋1，a[2]的地址为&a[2]或 a＋2，a[3]的地址为&a[3]或 a＋3，其余元素可以以此类推。由此可知，数组元素的地址可以使用数组名+下标来标识，即地址+整数代表从当前地址向下移动几个存储单元。

通过使用间接访问运算符"*"来引用地址所在的存储单元内容。数组元素 a[0]可以表示为*&a[0]和*（a＋0），数组元素 a[1]可以表示为*&a[1]和*（a＋1），数组元素 a[2]可以表示为*&a[2]和*（a＋2），数组元素 a[3]可以表示为*&a[3]和*（a＋3）等。在应用中数组元素的表示和数组元素地址的表示可以是多样的。

综上所述，利用数组名法引用一维数组元素的一般形式为：

**\*（数组名+表达式）**

其中，表达式类型任意，一般为算术表达式，其值为数组元素的下标。

【例7.3】　用数组名法，对数组进行输入和输出操作。

源程序如下：

```
#include <stdio.h>
main()
{
  int i,a[10];
  for(i=0;i<10;i++)
    scanf("%d",a+i);
  for(i=0;i<10;i++)
    printf("%d ",*(a+i));
}
```

程序运行结果：

```
1 2 3 4 5 6 7 8 9 10
1 2 3 4 5 6 7 8 9 10
```

2）通过指针变量法引用一维数组元素

用指针变量法引用一维数组元素的一般形式为：

**\*（指针变量+表达式）**

其中，指针变量为指向一维数组元素的指针变量。表达式一般为算术表达式。若指针变量指向下标为 0 的数组元素，则表达式的值就是要引用的数组元素的下标，否则要引用的数组元素的下标为：指针变量－数组名+表达式。

【例7.4】　请使用指针变量法，对数组进行输入和输出操作。

方法1：用指针变量指向数组元素，指针变量不移动。

源程序如下：

```
#include <stdio.h>
main()
{
  int i,a[10],*p;
  p=a;
  for(i=0;i<10;i++)
    scanf("%d",p+i);
  for(i=0;i<10;i++)
    printf("%d ",*(p+i));
}
```

方法 2：用指针变量指向数组元素，指针变量移动。

源程序如下：

```
#include <stdio.h>
main()
{
  int i,a[10],*p;
  p=a;
  for(i=0;i<10;i++)
    scanf("%d",p++);
  for(i=0,p=a;i<10;i++)
    printf("%d ",*(p++));
}
```

上例中的程序段的输入语句：

```
for(i=0;i<10;i++)
  scanf("%d",p++);
```

还可以改成：

```
for(;p<a+10;p++)
  scanf("%d",p);
```

上例中的程序段的输出语句：

```
for(i=0,p=a;i<10;i++)
  printf("%d ",*(p++));
```

还可以改成：

```
for(i=0,p=a;i<10;i++,p++)
  printf("%d ",*p);
```

或

```
for(p=a;p<a+10;p++)
  printf("%d ",*p);
```

# 7.2 一维字符数组及指针

## 7.2.1 一维字符数组的定义和初始化

字符数组是指用于存放字符型数据的数组。字符数组的定义、引用和初始化与前面介绍的数组相关知识相同。

### 1. 一维字符数组的定义

C 语言中没有专门的字符串变量，字符串的存放和处理可以用字符数组来实现。一维字符型数组定义的一般形式为：

**char 数组名 [常量表达式]**

如：

```
char str[6];
```

字符数组 str 有 6 个元素，分别为 str [ 0 ]、str [ 1 ]、str [ 2 ]、str [ 3 ]、str [ 4 ]、str [ 5 ]。字符数组中的一个元素存放 1 个字符，因此字符数组 str 只能存放 6 个字符。

### 2. 一维字符数组的初始化

字符数组可以用字符常量或字符串常量进行初始化。全部元素初始化时，数组的长度可以省略。

1）用字符常量初始化

（1）用字符常量对字符数组的全部元素初始化，例如：

```
char str[5]={'C','H','I','N','A'};
```

等价于下面的初始化：

```
char str[]={'C','H','I','N','A'};
```

该字符数组中有 5 个元素，str [ 0 ]的值为 'C'，str [ 1 ]的值为 'H'，str [ 2 ]的值为 'I'，str [ 3 ]的值为 'N'，str [ 4 ]的值为 'A'。

（2）用字符常量对字符数组的部分元素初始化，例如：

```
char str[6]={'C','H','I'};
```

字符数组 str 中有 6 个元素，str [ 0 ]的值为 'C'，str [ 1 ]的值为 'H'，str [ 2 ]的值为 'I'，未初始化的元素 str [ 3 ]、str [ 4 ]和 str [ 5 ]的值都为空（'\0'）。

2）用字符串常量初始化

（1）用字符串常量对字符数组的全部元素初始化，例如：

```
char str[]={"CHINA"};
```

可将花括号省略，写成：

```
char str[]="CHINA";
```

等价于用字符常量初始化：

```
char str[]={'C','H','I','N','A','\0'};
```

字符数组 str 中有 6 个元素，str [ 0 ]的值为 'C'，str [ 1 ]的值为 'H'，str [ 2 ]的值为'I'，str [ 3 ]的值为 'N'，str [ 4 ]的值为 'A'，str [ 5 ]的值为 \0'。

由此可知，用字符串常量初始化字符数组时字符数组的长度至少要比字符串的最大长度多 1。最后一个元素用来存放字符串结束标志 '\0'。

（2）用字符串常量对字符数组的部分元素初始化。部分元素初始化时，长度不能省略，例如：

```
char str[6]="CHI";
```

等价于用字符常量初始化：

```
char str[6]={'C','H','I','\0','\0','\0','\0'};
```

建议用字符串常量初始化字符数组，既方便、快捷，又便于编程时对字符串的处理。

## 7.2.2 字符数组的输入和输出

### 1. 字符数组的输入

字符数组可以采用单个字符输入或字符串格式化输入，也可以使用输入函数 gets（）输入字符串。

1）单个字符输入

格式输入函数 scanf（）和字符输入函数 getchar（）可以输入单个字符，但一般不采用该方式。

2）字符串格式化输入

函数调用形式为：

scanf（"%s",字符数组名或指针变量）；

在输入时，输入的一串字符依次存入以字符数组名或指针变量为起始地址的存储单元中，并自动补 '\0'。

> **注意**
>
> 用 scanf（）的％s 格式不能输入含有空格的字符串，遇到空格系统认为输入结束，因此用 scanf（）一次只能输入多个不含空格的字符串，输入字符串的长度应小于字符数组的长度或指针所指的连续存储空间。

例如，有如下程序段：

```
char str[10],*p1=str1,*p2=&str[5];
```

```
scanf("%s",str);
scanf("%s",p1);
scanf("%s",p2);
```

以上 3 条输入语句都是正确的，其中 str 是数组名，代表数组的首地址，是常量地址；p1、p2 是已经有确定地址值的指针变量。如果没有确定的地址值，就不能使用第 3 条、第 4 条语句。

3）使用 gets（）函数输入字符串

函数调用形式为：

**gets（地址）；**

该地址可以是字符数组名或指针变量名，进行输入时，以回车键作为结束符且不被输入，因此可以输入带空格的字符串。

例如：

```
char str[20];
gets(str);
```

执行时输入"How are?"，则字符数组 str 的内容如下：

| 'H' | 'o' | 'w' | ' ' | 'a' | 'r' | 'e' | '?' | '\0' | …… |
|---|---|---|---|---|---|---|---|---|---|

## 2. 字符数组的输出

字符数组的输出主要有以下几种方式：

1）单个字符输出

用格式输出函数 printf（）的%c 格式或字符输出函数 putchar（）输出单个字符。

2）字符串格式化输出

函数调用形式为：

**printf（"%s", 地址）；**

输出项为准备输出的字符串的首地址，功能是从所给地址开始，依次输出各字符，直到遇到第一个 '\0'。当有多个 '\0' 时，以第一个为准，输出结束后不自动换行。

例如，有以下程序段：

```
char str1[12];
scanf("%s",str1);
printf("%s",str1);
```

输入"how are you"时，输出为"how"。

若将 scanf（）换成 gets（），输出则为"how are you"。

3）使用函数 puts（）输出字符串

使用函数 puts（）输出字符串的函数调用形式为：

**puts（地址）；**

该地址可以是字符数组名或指针变量名，功能是从所给地址开始依次输出各字符，遇到第一个 '\0' 结束，并把 '\0' 转换为 '\n'，即输出结束后自动换行。例如：

```
char str[]="How are you?";
puts(str);
puts(str);
```

输出：How are you?

How are you?

## 7.2.3  用字符数组实现对字符串的操作

若字符串存放在字符数组中，则可以使用下标法、数组名法、指针变量法引用字符串中的字符。

【例 7.5】  将字符串逆置后接到原来字符串的后面。

解题思路：首先使用 gets（）函数为数组 str 输入一个字符串，然后使用循环语句到这个字符串的尾部（'\0'），最后利用循环实现逆置后的连接。

用下标法实现例 7.5 的功能的源程序如下：

```
#include <stdio.h>
main()
{
  char str[100];
  int i,j;
   gets(str);
  i=0;
  while(str[i]!='\0')
    i++;
  j=i;
  i--;
  while(i>=0)
  {
    str[j]=str[i];
    i--;
    j++;
  }
  str[j]='\0';
  puts(str);
}
```

程序运行结果：

```
abcd
abcddcba
```

用数组名法实现例 7.5 的功能的源程序如下：

```c
#include <stdio.h>
main()
{
  char str[100];
  int i,j;
  gets(str);
  i=0;
  while(*(str+i)!='\0')
    i++;
  j=i;
  i--;
  while(i>=0)
  {
    *(str+j)=*(str+i);
    i--;
    j++;
  }
  *(str+j)='\0';
  puts(str);
}
```

用指针变量法实现例 7.5 的功能的源程序如下：

```c
#include <stdio.h>
main()
{
  char str[100],*p;
  int i,j;
  gets(str);
  p=str;
  i=0;
  while(*(p+i)!='\0')
    i++;
  j=i;
  i--;
  while(i>=0)
  {
    *(p+j)=*(p+i);
    i--;
    j++;
```

```
    }
    *(p+j)='\0';
    puts(str);
}
```

## 7.2.4　用字符指针变量实现字符串的操作

除了可以使用字符数组处理字符串外，还可以用字符指针变量。如：

```
char *p="china";
```

其含义为：定义一个字符型指针变量 p，并将字符串"china"的首地址赋值给 p，即 p 指向字符串的第一个字符"c"。

**【例 7.6】**　用指针变量实现字符串的操作。

源程序如下：

```
#include <stdio.h>
main()
{
    char *p1="Chinese";
    char *p2;
    puts(p1);
    p2=p1;
    puts(p2+2);
}
```

程序运行结果：

```
Chinese
inese
```

虽然用字符数组和字符指针变量都能实现对字符串的处理，但它们之间是有区别的。主要注意以下几点：

（1）字符数组由若干个元素组成，每个元素中存放 1 个字符。字符指针变量中存放的是字符串的首地址，而不是字符串。

（2）不能用赋值语句将一个字符串常量或字符数组直接赋值给字符数组，但可以用赋值语句将一个字符串常量或字符数组的首地址直接赋值给指针变量。如有定义：

```
char str1[10]="china",str2[10],*p1,*p2;
```

下面的赋值是不合法的：

```
str2=str1;
str1="CHINA";
```

下面的赋值是合法的：

```
p1=str1;              //把数组 str1 的首地址赋值给 p1
p2="CHINA";           //把字符串"CHINA"的首地址赋值给 p2
```

（3）使用数组名可以安全地把从键盘上输入的字符串存放到字符数组中，但使用没有赋以地址值的指针是危险的。如：

```
char *p;
scanf("%s",p);
```

该程序虽然能运行，但可能破坏其他程序。

（4）使用字符指针变量处理字符串比用字符数组处理字符串节省内存。例如：

```
char *p="china";
```

以上操作把字符串常量 "china" 的地址赋值给指针变量 p，而

```
char str[]= "china";
```

将字符串常量 "china" 赋值给字符数组，"china" 的地址与数组的地址不同。

## 7.2.5　常用字符串处理函数

### 1. 字符串复制函数 strcpy（）

一般调用格式：

strcpy（字符串 1,字符串 2）

功能：把字符串 1 复制到字符串 2 中。

其中，字符串 1 是地址表达式（一般为数组名或指针变量）；字符串 2 可以是地址表达式（一般为数组名或指针变量），也可以是字符串常量。

> **说明**
>
> （1）存放字符串 1 的字符数组必须定义得足够大，以便容纳被复制的字符串 2。
> （2）复制时连同字符串后面的 '\0' 一起复制。
> （3）不能用赋值语句将一个字符串常量赋值给一个字符数组，也不能将一个字符数组赋值给另一个字符数组，只能用函数 strcpy（）处理。

【例 7.7】　利用函数 strcpy（）复制字符串。

源程序如下：

```
#include <stdio.h>
#include <string.h>
main()
{
```

```
char str1[30]="How are you ",str2[10]="fine";
puts(str1);
puts(str2);
strcpy(str1,str2);
puts(str1);
puts(str2);
}
```

程序运行结果：

```
How are you
fine
fine
fine
```

#### 2. 字符串连接函数 strcat（ ）

一般调用格式：

**strcat（字符串 1,字符串 2）**

功能：把字符串 2 连接到字符串 1 的后面。

其中，字符串 1 是地址表达式（一般为数组名或指针变量）；字符串 2 可以是地址表达式（一般为数组名或指针变量），也可以是字符串常量。

> **说明**
>
> （1）存放字符串 1 的字符数组必须定义得足够大，以便容纳连接后的字符串。
>
> （2）连接后，字符串 2 指向的字符串的第一个字符覆盖字符串 1 指向的字符串的结束符 '\0'。
>
> （3）连接后，字符串 2 指向的字符串不变。

【例 7.8】 利用函数 strcat（ ）连接字符串。

源程序如下：

```
#include <stdio.h>
#include <string.h>
main()
{
  char str1[30]="How are you",str2[10]="fine";
  puts(str1);
  puts(str2);
  strcat(str1,str2);
  puts(str1);
  puts(str2);
}
```

程序运行结果：

```
How are you
fine
How are youfine
fine
```

### 3. 字符串比较函数 strcmp（ ）

一般调用格式：

**strcmp（字符串 1,字符串 2）**

功能：比较两个字符串的大小。如果两个字符串相等，返回值为 0；如果不相等，返回从左侧起第一次不相同的两个字符的 ASCII 的差值。

其中，字符串 1 和字符串 2 可以是地址表达式（一般为数组名或指针变量），也可以是字符串常量。

> **说明**
>
> （1）字符串比较从左向右比较对应字符的 ASCII 值；
>
> （2）两个字符串比较不能用关系运算符，只能用 strcmp（ ）函数；
>
> （3）不能用 strcmp（ ）函数比较其他类型的数据。

**【例 7.9】** 利用函数 strcmp（ ）比较字符串。

源程序如下：

```c
#include <stdio.h>
#include <string.h>
main()
{
 char str1[15]="this",str2[]="that";
 if(strcmp(str1,str2)>0)
  printf("str1>str2\n");
 else
  if(strcmp(str1,str2)==0)
   printf("str1=str2\n");
  else
   printf("str1<str2\n");
}
```

程序运行结果：

```
str1>str2
```

### 4. 求字符串长度函数 strlen（ ）

一般调用格式：

**strlen（字符串）**

功能：统计字符串从第一个字符开始到第一个 '\0' 字符之间的字符个数（不包括结束符 '\0'）。

其中，字符串可以是地址表达式（一般为数组名或指针变量），也可以是字符串常量。

返回值：字符串中实际字符的个数，如：

```
char str[10]="chinese";
printf("%d",strlen(str));
```

输出结果是 7。

【例 7.10】 有两个字符串，按由小到大的顺序连接在一起。

**解题思路**：首先使用函数 gets（）对数组 str1、str2 分别输入字符串，然后使用函数 strcmp（）对这两个字符串进行比较，找出较大的字符串，最后通过函数 strcpy（）和函数 strcat （）将这两个字符串按由小到大的顺序存放到字符数组 str3 中。

源程序如下：

```
#include <stdio.h>
#include <string.h>
main()
{
  char str1[20],str2[20],str3[60];
  gets(str1);
  gets(str2);
  if(strcmp(str1,str2)<0)
  {
    strcpy(str3,str1);
    strcat(str3,str2);
  }
  else
  {
    strcpy(str3,str2);
    strcat(str3,str1);
  }
  puts(str3);
}
```

程序运行结果：

```
how are you
fine
finehow are you
```

【例 7.11】 输入一个字符串，统计该字符串中大写字母、小写字母、数字字符及其他字符的个数。

源程序如下:

```c
#include <stdio.h>
main()
{
  char str[100];                           //定义字符数组str来存放字符串
  int big=0,small=0,num=0,other=0,i;
  printf("please input string: ");
  gets(str);
  for(i=0;str[i];i++)
    if(str[i]>='A'&&str[i]<='Z')           //统计大写字母的个数
      big++;
    else if(str[i]>='a'&&str[i]<='z')      //统计小写字母的个数
      small++;
    else if(str[i]>='0'&&str[i]<='9')      //统计数字字符的个数
      num++;
    else other++;
    printf("big=%d, small=%d, num=%d, other=%d\n",big,small,num, other);
}
```

程序运行结果:

```
please input string: WEsdf145dfA$#FG*
big=5, small=5, num=3, other=3
```

# 7.3  多维数组及指针

除了一维数组外，C语言还允许使用二维、三维等多维数组，数组的维数没有限制。除了二维数组外，其他多维数组一般很少用到，下面重点介绍二维数组。

## 7.3.1  二维数组的定义和初始化

### 1.  二维数组定义

二维数组定义的一般形式为:

**类型标识符　数组名[常量表达式1][常量表达式2]**

其中，常量表达式1表示第1维下标的长度，也称行长度，它决定了第1维下标值（行标）的上限；常量表达式2表示第2维下标的长度，也称列长度，它决定了第2维下标值（列标）的上限。

例如:

```c
int a[4][4];
```

该语句定义了一个整型的二维数组，数组名为 a，行数为 4，列数为 4，共有 16 个元素，分别是 a[0][0]、a[0][1]、a[0][2]、a[0][3]、a[1][0]、a[1][1]、a[1][2]、a[1][3]、a[2][0]、a[2][1]、a[2][2]、a[2][3]、a[3][0]、a[3][1]、a[3][2]、a[3][3]。

二维数组在概念上是二维的，其下标在行与列两个方向上变化。而实际上，存储器的地址是连续的，采用一维线性排列。在 C 语言中，二维数组按行的顺序依次存放在连续的内存单元中。例如，定义一个数组：

```
int a[2][3];
```

此二维数组的存储顺序如图 6-1 所示。

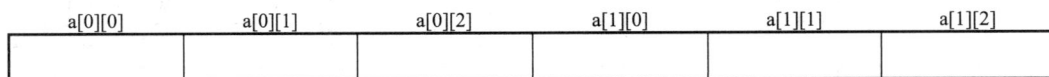

| a[0][0] | a[0][1] | a[0][2] | a[1][0] | a[1][1] | a[1][2] |
|---|---|---|---|---|---|
|  |  |  |  |  |  |

图 7-1　二维数组在内存中的存放顺序

从二维数组的定义可以知道，一个二维数组可以看作多个一维数组，如上例可以看作由 2 个一维数组组成，如 a[0]数组中包含元素 a[0][0]、a[0][1]和 a[0][2]。

### 2. 二维数组初始化

在定义二维数组时可以对数组元素赋初值。二维数组初始化有 3 种形式。

1）分行初始化

分行初始化强调二维数组由一维数组构成。可以用花括号分行赋初值，在进行分行初始化时，第 1 维的长度可以省略，但第 2 维的长度不能省略。例如：

```
int a[3][4]={{1,2,3,4},{5,6,7,8},{9,10,11,12}};
```

等价于：

```
int a[][4]={{1,2,3,4},{5,6,7,8},{9,10,11,12}};
```

这种初始化方法直观、清晰，不容易出错。

2）按照数据的排列顺序赋初值

将分行初始化形式中的内层大括号去掉，所有初值按初值表中的顺序以行优先的方式依次赋值给二维数组元素。例如：

```
int a[3][4]={1,2,3,4,5,6,7,8,9,10,11,12};
```

这种初始化方法数据之间没有明显的界限，输入的数据量很大时容易出错。

3）数组部分元素初始化

部分元素初始化时，若省略第 1 维的长度，则必须用大括号分行赋初值。如果赋值不能填满二维数组的所有行，则从数组第 1 行起依次赋初值，剩余行的元素初始化为 0。

下面的初始化是等价的：

```
int a[3][4]={1,2,3,4,0,5}};
int a[3][4]={{1,2,3,4},{0,5}};
int a[][4]={{1,2,3,4},{0,5},{0}};
```

上述数组的初始化如图 7-2 所示。

| a[0][0]: 1 | a[0][1]: 2 | a[0][2]: 3 | a[0][3]:4 |
|---|---|---|---|
| a[1][0]: 0 | a[1][1]: 5 | a[1][2]: 0 | a[1][3]: 0 |
| a[2][0]: 0 | a[2][1]: 0 | a[2][2]: 0 | a[0][3]: 0 |

图 7-2　二维数组初始化

```
char str[3][6]={"Chiha","USA","Japan"};
```

二维字符数组 str [ 3 ][ 6 ]的初始化如图 7-3 所示。

| C | h | i | n | a | \0 |
|---|---|---|---|---|---|
| U | S | A | \0 | \0 | \0 |
| J | a | p | a | n | \0 |

图 7-3　二维字符数组初始化

## 7.3.2　二维数组元素的引用

可以利用二维数组的下标或指针法引用数组元素。

### 1. 下标法

采用下标法引用二维数组元素时，需要分别指定行标和列标，在使用时要特别注意下标的范围。二维数组的引用形式如下：

**数组名[行标][列标]**

其中行标和列标一般为整型的常量、变量或表达式。

【例 7.12】　定义一个二维数组，输入数组元素值后将所有的数组元素输出。

源程序如下：

```c
#include <stdio.h>
main()
{
  int i,j,a[4][3];
  for(i=0;i<4;i++)
    for(j=0;j<3;j++)
      scanf("%d",&a[i][j]);
  for(i=0;i<4;i++)
  {
    for(j=0;j<3;j++)
      printf("%-3d",a[i][j]);
    printf("\n");
  }
}
```

程序运行结果：

```
1 2 3 4 5 6 7 8 9 2 5 8
1   2   3
4   5   6
7   8   9
2   5   8
```

### 2. 指针法

指向二维数组的指针有两种情况：一种是定义一级指针直接指向数组元素的指针变量，此时定义的是一级指针；另一种是定义数组指针指向具有 n 个元素的一维数组，此时定义的数组指针变量属于二级指针。

1）指向数组元素的指针变量

指向二维数组元素的指针变量的定义与指向变量的指针变量的定义相同，例如：

```
int *p;
```

定义 p 为指向整型变量的指针变量，若有下面赋值语句：

```
p=a[0];
```

则把元素 a[0][0]的地址赋值给指针变量 p，也就是说指针变量 p 指向数组元素 a[0][0]。

【例7.13】 利用一级指针指向二维数组元素。

源程序如下：

```
#include <stdio.h>
main()
{
  int a[3][4]={1,2,3,4,5,6,7,8,9,10,11,12},i,j=0,*p;
  p=&a[0][0];
  for(i=0;i<12;i++)
  {
    printf("%4d",p[i]);
    j++;
    if(j%4==0)
      printf("\n");
  }
}
```

程序运行结果：

```
  1   2   3   4
  5   6   7   8
  9  10  11  12
```

2）指向由 m 个元素组成的一维数组的指针变量

指向数组元素的指针变量加（减）1 是加（减）一个数组元素所占的字节数，指向的元素是原来指向元素的下（上）一个元素。C 语言中，也可以定义指向由 m 个元素组成的一维数组的指针变量，指针变量加（减）1 是加（减）整个一维数组所占的字节数，其定义的一般形式为：

**类型标识符（\*指针变量名）[常量表达式]**

例如：

```
int a[3][4],(*p)[4],p=a;
```

数组元素 a[i][j]可以表示为 p[i][j]、*(*(p+i)+j)、*(p[i]+j)、(*(p+i))[j]，由此可以得到下面的等价关系：

（1）*(a+i)、*(p+i)和 a[i]是等价的，代表第 i 行的首地址；

（2）a[i]+j、*(a+i)+j、*(p+i)+j 和 &a[i][j]是等价的，代表数组元素 a[i][j]的地址。

3）利用一维数组的数组名引用二维数组元素

因为 a[i]+j 和 &a[i][j]是等价的，所以*(a[i]+j)和 a[i][j]是等价的，其中 a[i]是第 i 行一维数组的数组名。可以用一维数组名引用二维数组中的元素，引用的一般形式如下：

**\*(一维数组名+表达式)**

其中，表达式的类型任意，一般为算术表达式，其值为二维数组元素的列下标，例如，*(a[1]+2-1)表示二维数组元素 a[1][1]。

另外，由于二维数组在内存中是按行连续存储的，因此可以把二维数组 a 看成是数组名为 a[0]的一维数组，二维数组元素 a[i][j]对应的一维数组元素是*(a[0]+i\*列数+j)，例如，*(a[0]+2\*4+1)表示二维数组元素 a[2][1]。

【例 7.14】 输出行下标为 1、列下标为 2 的数组元素和行下标为 2、列下标为 1 的数组元素。

源程序如下：

```
#include <stdio.h>
main()
{
  int a[3][4]={1,3,5,7,9,11,13,15,17,19,21,23};
  printf("%4d",*(a[1]+2));
  printf("%4d\n",*(a[0]+2*4+1));
}
```

程序运行结果：

```
13  19
```

4）利用指向二维数组元素的指针变量引用数组元素

利用指向二维数组元素的指针变量引用二维数组元素的一般形式为：

**\*（指针变量+表达式）**

其中，指针变量是指向二维数组元素的指针变量。表达式的类型任意，一般为算术表达式。若指针变量指向数组的第 1 个元素，则引用的二维数组元素的行标为（表达式）/列数，列标为（表达式）%列数；否则引用的二维数组元素的行标为（指针变量-数组名[ 0 ]+表达式）/列数，列标为（指针变量-数组名[ 0 ]+表达式）%列数。

【例 7.15】 利用指向二维数组元素的指针变量按行输出二维数组元素。

源程序如下：

```
#include <stdio.h>
main()
{
  int a[2][3]={{1,2,3},{4,5,6}};
  int *p;
  for(p=a[0];p<&a[0][0]+6;p++)
  {
    if((p-a[0])%3==0)
      printf("\n");
    printf("%3d",*p);
  }
}
```

程序运行结果：

```
 1  2  3
 4  5  6
```

5）利用二维数组名引用数组元素

引用的一般形式为：

**\*（\*（数组名+表达式 1）+表达式 2）**

其中，表达式 1 和表达式 2 的类型任意，一般为算术表达式。表达式 1 的值是行下标，表达式 2 的值是列下标。

【例 7.16】 利用二维数组名按行输出二维数组元素。

源程序如下：

```
#include <stdio.h>
main()
{
  int a[2][3],i,j;
  for(i=0;i<2;i++)
    for(j=0;j<3;j++)
      scanf("%d",*(a+i)+j);
  for(i=0;i<2;i++)
    {printf("\n");
      for(j=0;j<3;j++)
        printf("%3d",*(*(a+i)+j));
```

```
    }
  }
```

程序运行结果:

```
1 2 3 4 5 6

  1   2   3
  4   5   6
```

6）利用指向由 m（二维数组列数）个元素组成的一维数组的指针变量引用二维数组元素

一般形式为：

**＊（＊（指针变量+表达式 1）+表达式 2）**

其中，指针变量是指向一维数组的指针变量，指向二维数组中的某一行。表达式 1 和表达式 2 的类型任意，一般为算术表达式。表达式 2 的值为要引用的二维数组元素列下标。若指针变量指向第 1 行，则表达式 1 的值为要引用的二维数组元素行下标；否则，要引用的二维数组元素行下标为：

指针变量-二维数组名+表达式 1。

**【例 7.17】**　输出 3×4 阶矩阵的任意一个元素的值。

源程序如下：

```
#include <stdio.h>
main()
{
  int a[3][4]={{1,2,3,4},{5,6,7,8},{9,10,11,12}};
  int row,col,(*p)[4];
  p=a;
  scanf("%d,%d",&row,&col);
  printf("a[%d][%d]=%d\n",row,col,*(*(p+row)+col));
}
```

程序运行结果:

```
1,2
a[1][2]=7
```

# 7.4　指针数组

若一个数组的元素值为指针则该数组为指针数组。指针数组的所有元素必须是具有相同存储类型和指向相同数据类型的指针变量。

## 1. 指针数组的定义形式

指针数组的定义形式为：

**数据类型　＊指针数组名[常量表达式]**

例如：

```
int * p[2];
```

定义了一个指针数组 p，它由指向 int 型数据的 p[0] 和 p[1] 两个指针元素组成。和普通数组一样，编译系统在处理指针数组定义时，给它在内存中分配一个连续的存储空间，这时指针数组名 p 就表示指针数组的存储首地址。

**2. 指针数组的应用**

在程序中指针数组常常用来处理多维数组。例如，定义一个二维数组和一个指针数组：

```
int a[3][4],*p[3];
```

二维数组 a[3][4] 可分解为 a[0]、a[1] 和 a[2] 共 3 个一维数组，它们各有 4 个元素。指针数组 p 由 3 个指针 p[0]、p[1] 和 p[2] 组成。可以把一维数组 a[0]、a[1] 和 a[2] 的首地址分别赋值给 p[0]、p[1] 和 p[2]，例如：

```
p[0]=a[0];或 p[0]=&a[0][0];
p[1]=a[1];或 p[1]=&a[1][0];
p[2]=a[2];或 p[2]=&a[2][0];
```

3 个指针分别指向 3 个一维数组，通过 3 个指针可以对二维数组中的数据进行处理。

**【例7.18】** 用指针数组处理二维数组。

源程序如下：

```
#include <stdio.h>
main()
{
  int a[2][3]={{1,2,3},{4,5,6}},*pa[2],i,j;
  pa[0]=a[0];
  pa[1]=a[1];
  for(i=0;i<2;i++)
    for(j=0;j<3;j++)
    {
      printf("a[%d][%d]:%d\n",i,j,*pa[i]);
      pa[i]++;
    }
}
```

程序运行结果：

```
a[0][0]:1
a[0][1]:2
a[0][2]:3
a[1][0]:4
a[1][1]:5
a[1][2]:6
```

### 3. 指针数组和数组指针变量的区别

指针数组和数组指针变量都可用来表示二维数组，但二者的表示方法和意义是不同的。

数组指针变量是单个的变量，其一般形式中"(*指针变量名)"两边的括号不可少。而指针数组表示的是多个指针（一组有序指针）的数组，在一般形式中"*指针数组名"两边不能有括号。例如：

```
int (*p)[3];
```

表示指向二维数组的指针变量。该二维数组的列数为 3 或分解后一维数组的长度为 3。

```
int *p[3];
```

表示 p 指针数组，有 3 个数组元素 p[ 0 ]、p[ 1 ]、p[ 2 ]，而且均为指针变量。

# 7.5 程 序 举 例

【例 7.19】 用选择排序法将数组 a 中的 N 个整型数升序排序并输出。

**解题思路：**

（1）从 N 个元素中找出值最小的元素，将其与第 1 个元素交换；

（2）从剩下的 N－1 个元素中找出值最小的元素，将其与第 2 个元素交换。

（3）重复选择和排序，直到将最大值存放在第 N 个元素中。

源程序如下：

```
#include <stdio.h>
main()
{
  int i,j,k,a[10],t;
  for(i=0;i<10;i++)              //输入 N 个要排序的数
    scanf("%d",&a[i]);
  for(i=0;i<9;i++)              //排序总共进行的次数
  {
   k=i;                        //初始化最小数的下标
   for(j=i+1;j<10;j++)          //寻找最小数下标
     if(a[j]<a[k])
       k=j;                    //记录新的最小数下标
   if(k!=i)
   {
    t=a[i];                    //第 i 个数和最小数交换
    a[i]=a[k];
    a[k]=t;
   }
  }
```

```
for(i=0;i<10;i++)
   printf("%3d",a[i]);
}
```

程序运行结果：

```
0 9 8 7 6 5 4 3 2 1
 0  1  2  3  4  5  6  7  8  9
```

【例 7.20】　利用数组计算斐波那契（Fibonacci）数列（1，1，2，3，5，8，13…）的前 20 项。

**解题思路：** 已知 Fibonacci 数列的第 1 项和第 2 项为 1、1，数列中的其余项为与其相邻的前两项之和。利用数组计算 Fibonacci 数列的前 20 项，可以先定义大小为 20 的数组并初始化数组的前两个元素，利用循环求解数组的其他元素。

源程序如下：

```
#include <stdio.h>
main()
{
  int i,f[20]={1,1};
  for(i=2;i<20;i++)            //求解数列各项
    f[i]=f[i-2]+f[i-1];
  for(i=0;i<20;i++)            //每行输出 4 个元素
  {
    if(i%4==0)
      printf("\n");
    printf("%6d",f[i]);
  }
}
```

程序运行结果：

```
   1     1     2     3
   5     8    13    21
  34    55    89   144
 233   377   610   987
1597  2584  4181  6765
```

【例 7.21】　输出杨辉三角形的前 10 行。

**解题思路：** 用二维数组 a 存放数据。对于数组中的每个元素 a[i][j]，若 j＞i，则不用处理 a[i][j] 的值；若 j＝0 或 j＝i，则 a[i][j]＝1，否则 a[i][j]＝a[i-1][j]＋a[i-1][j-1]。

源程序如下：

```
#include <stdio.h>
main()
{
```

```
int i,j,a[10][10];
for(i=0;i<10;i++)
   for(j=0;j<=i;j++)
    if(j==0||j==i)
      a[i][j]=1;
    else
      a[i][j]=a[i-1][j]+a[i-1][j-1];
for(i=0;i<10;i++)
{
  for(j=0;j<=i;j++)
    printf("%4d",a[i][j]);
  printf("\n");
}
}
```

程序运行结果：

```
   1
   1   1
   1   2   1
   1   3   3   1
   1   4   6   4   1
   1   5  10  10   5   1
   1   6  15  20  15   6   1
   1   7  21  35  35  21   7   1
   1   8  28  56  70  56  28   8   1
   1   9  36  84 126 126  84  36   9   1
```

**【例 7.22】**  输入一个整数矩阵，将矩阵中最大元素所在的行和最小元素所在的行互换后输出矩阵。

**解题思路：** 定义一个二维数组保存所输入的矩阵数据，在程序中我们只使用其中的部分数组元素。使用嵌套循环遍历二维数组的每个元素，从中找到最大元素和最小元素，并记录最大元素和最小元素的行号 $n_{max}$ 和 $n_{min}$。利用一个 n 次的循环完成 $n_{max}$ 行所有元素和 $n_{min}$ 行所有元素的互换。

源程序如下：

```
#include <stdio.h>

main()
{
  int matrix[5][5],min,max,temp;
  int i,j,m,n,nMax=0,nMin=0;
  for(i=0;i<5;i++)
   for(j=0;j<5;j++)
    scanf("%d",&matrix[i][j]);
  //遍历数组的每个元素，记录最大元素所在的行号和最小元素所在的行号
```

```
min=max=matrix[0][0];
for(i=0;i<5;i++)
  for(j=0;j<5;j++)
  {
    if(matrix[i][j]>max)
    {
      max= matrix[i][j];
      nMax=i;
    }
    else
      if(matrix[i][j]<min)
      {
        min=matrix[i][j];
        nMin=i;
      }
  }
//利用 for 循环将最大行和最小行的所有元素互换
for(j=0;j<5;j++)
{
  temp=matrix[nMax][j];
  matrix[nMax][j]=matrix[nMin][j];
  matrix[nMin][j]=temp;
}
//输出结果
for(i=0;i<5;i++)
{
  for(j=0;j<5;j++)
    printf("%5d",matrix[i][j]);
  printf("\n");
}
}
```

程序运行结果:

```
1 2 3 8 9
7 5 6 0 10
12 5 8 9 7
15 7 6 5 7
3 4 5 8 9
    1    2    3    8    9
   15    7    6    5    7
   12    5    8    9    7
    7    5    6    0   10
    3    4    5    8    9
```

【例7.23】 不使用字符连接函数 strcat（），将两个字符串连接并输出。

**解题思路**：定义两个字符数组保存所输入的字符串，利用循环依次读取一个字符串到尾部，再利用一个循环依次读取另一个字符串到尾部，完成两个字符串的连接。

源程序如下：

```c
#include <stdio.h>
main()
{
  char a[81],b[81],*p1,*p2;
  p1=a;
  p2=b;
  gets(a);
  gets(b);
  while(*p1)
    p1++;
  while(*p2)
  {
    *p1=*p2;
    p1++;
    p2++;
  }
  *p1='\0';
  puts(a);
}
```

程序运行结果：

```
boy
girl
boygirl
```

## 习题

### 一、选择题

1. 以下关于数组的描述正确的是（      ）。
   A. 数组的大小是固定的，但可以有不同类型的数组元素
   B. 数组的大小是可变的，但所有数组元素的类型必须相同
   C. 数组的大小是固定的，所有数组元素的类型必须相同
   D. 数组的大小是可变的，可以有不同类型的数组元素

2. 在 C 语言中，引用数组元素时，其数组下标的数据类型可以是（      ）。
   A. 整型常量
   B. 整型表达式
   C. 整型常量或整型表达式
   D. 任何类型的表达式

3. 以下定义语句中，错误的是（　　　）。

  A．int a [ ] = { 1，2 }；    B．char *a [ 3 ]；

  C．char s [ 10 ] = "test"；   D．int n = 5，a [ n ]；

4. 以下一维数组 m 初始化不正确的是（　　　）。

  A．int m [ 10 ] =（0，0，0，0）；  B．int m [ 10 ] = { }；

  C．int m [ ] = { 0 }；     D．int m [ 10 ] = { 10 * 2 }；

5. 以下能正确定义二维数组的语句是（　　　）。

  A．int a [ ] [ 3 ]；     B．int a [ ] [ 3 ] = { 2 * 3 }；

  C．int a [ ] [ 3 ] = { }；    D．int a [ 2 ] [ 3 ] = {{ 1 }，{ 2 }，{ 3，4 }}；

6. 若有定义

```
int bb[8];
```

则表达式（　　　）不能代表数组元素 bb [ 1 ]的地址

  A．&bb[0]+1  B．&bb[1]   C．&bb[0]++   D．bb+1

7. 假定 int 类型变量占用 2 个字节，其有定义：

```
int x[10]={0,2,4};
```

则数组 x 在内存中所占字节数是（　　　）。

  A．3    B．6    C．10    D．20

8. 以下程序的输出结果是（　　　）。

```
#include <stdio.h>
main()
{
  int i,x[3][3]={1,2,3,4,5,6,7,8,9};
  for(i=0;i<3;i++)
  printf("%d ",x[i][2-i]);
}
```

  A．1　5　9  B．1　4　7   C．3　5　7   D．3　6　9

9. 以下程序的输出结果是（　　　）。

```
#include <stdio.h>
main()
{
  int x[8]={8,7,6,5,0},*s;
  s=x+3;
  printf("%d",s[2]);
}
```

  A．随机值  B．0    C．5    D．6

10. 执行下面的程序段后，变量 k 中的值为（　　　）。

```
int k=3,s[2];
s[0]=k;
k=s[1]*10;
```

    A. 不定值      B. 33        C. 30        D. 10

11. 以下程序的输出结果是（　　　）。

```
#include <stdio.h>
main()
{
  int i,a[10];
  for(i=9;i>=0;i--)
    a[i]=10-i;
  printf("%d%d%d",a[2],a[5],a[8]);
}
```

    A. 2　5　8    B. 7　4　1    C. 8　5　2    D. 3　6　9

12. 若有定义：

```
int a[ ][3]={1,2,3,4,5,6,7,8};
```

则数组 a 的行数为（　　　）。

    A. 3        B. 2        C. 无确定值    D. 1

13. 下列描述中不正确的是（　　　）。

    A. 字符型数组中可以存放字符串

    B. 可以对字符型串进行整体输入、输出

    C. 可以对整型数组进行整体输入、输出

    D. 不能在赋值语句中通过赋值运算符 "=" 对字符型数组进行整体赋值

14. 运行下列程序的输出结果是（　　　）。

```
#include <stdio.h>
main()
{
  int a[]={1,2,3,4,5},i,*p=a+2;
  printf("%d",p[1]-p[-1]);
}
```

    A. 由于下标不能为负值而出错    B. 2

    C. 1                       D. 3

15. 以下语句的输出结果是（　　　）。

```
printf("%d\n",strlen("school"));
```

    A. 7                B. 6

    C. 存在语法错误        D. 不定值

16. 若有语句

```
char s1[10],s2[10]="books";
```

则能将字符串 books 赋值给数组 s1 的语句是（    ）。

    A．s1 = "books";             B．strcpy（s1，s2）;

    C．s1 = s2;                   D．strcpy（s2，s1）;

17. 以下语句或语句组中，能正确进行字符串赋值的是（    ）。

    A．char * sp；* sp = "right!";       B．char s [ 10 ]；s = "right!";

    C．char s [ 10 ]；* s = "right!";     D．char * sp = "right!";

18. 若二维数组 c 有 m 列，则计算任意元素 c [ i ][ j ]在数组中的位置的公式为（    ）（c [ 0 ][ 0 ]为数组首个元素）。

    A．i * m + j     B．j * m + i      C．i * m + j − 1   D．i * m + j + 1

## 二、写出下列程序的运行结果

1. 下面程序的运行结果是_____。

```c
#include <stdio.h>
main()
{
  int a[3][3],*p,i;
  p=&a[0][0];
  for(i=0;i<9;i++)
    p[i]=i+1;
  printf("%d\n",a[1][2]);
}
```

2. 下面程序的运行结果是_____。

```c
#include <stdio.h>
main()
{
  int x[6],a=0,b,c=14;
  do
  {
    x[a]=c%2;
    a++;c=c/2;
  }while(c>=1);
  for(b=a-1;b>=0;b--)
    printf("%d ",x[b]);
  printf("\n");
}
```

3. 下面程序的运行结果是_____。

```c
#include <stdio.h>
main()
{
  int i,n[6]={0};
  for(i=1;i<=4;i++)
  {
    n[i]=n[i-1]*2+1;
    printf("%d ",n[i]);
  }
}
```

4. 下面程序的运行结果是_____。

```c
#include <stdio.h>
#include <string.h>
main()
{
  char str1[20]="China\0USA",str2[20]="Beijing";
  int i,k,num;
  i=strlen(str1);
  k=strlen(str2);
  num=i<k?i:k;
  printf("%d\n",num);
}
```

5. 下面程序的运行结果是_____。

```c
#include <stdio.h>
main()
{
  int b[3][3]={0,1,2,0,1,2,0,1,2},i,j,t=0;
  for(i=0;i<3;i++)
    for(j=i;j<=i;j++)
      t=t+b[i][b[j][j]];
  printf("%d\n",t);
}
```

### 三、编程题

1. 编写程序，从整型数组的第 1 个元素开始，每 3 个元素求和并将和存入另一个数组中。

2. 编写程序，将一维数组 x 中大于平均值的元素移动至数组的前部，小于或等于平均值的元素移动至数组的后部。

3．编写程序，把从键盘输入的数字字符串转换为整数并输出。

4．将从键盘上输入的两个字符串进行比较，输出两个字符串中第 1 个不相同字符的 ASCII 之差。

5．从键盘输入一行字符，统计其中的单词个数。单词之间用空格分隔。

6．判定用户输入的正整数是否为回文数。回文数是指正读反读都相同的数。

7．已知数组 a 中的元素已按由小到大的顺序排列，编写程序将输入的一个数插入数组 a 中，插入后，数组 a 中的元素仍然按照由小到大的顺序排列。

8．编写程序，把下面的数据输入一个二维数组中。

```
15    32    78    13
12    17    88    78
21    25    22    56
12    32    36    25
```

然后执行以下操作：

（1）输出矩阵两个对角线上的数；

（2）分别输出各行和各列的和；

（3）交换第 1 行和第 3 行的位置；

（4）交换第 2 列和第 4 列的位置；

（5）输出矩阵周边元素之和；

（6）输出矩阵主对角线元素之和；

（7）输出矩阵次对角线元素之和。

9．求一个 5×5 矩阵中的马鞍数，输出它的位置。马鞍数是指在行上最小而在列上最大的数。

# 第8章

## 函数

一个较大的程序一般分为若干个小的程序模块，每个模块实现一个特定的功能。所有的高级语言都有子程序的概念，用子程序来实现模块的功能。

在 C 语言中，子程序的功能是由函数来完成的。一个 C 程序可以由一个主函数和若干个子函数构成。由主函数调用其他函数，其他函数之间也可以互相调用。可以说，C 程序的全部工作是由函数完成的，因此，C 语言也称为函数式语言。

由于采用了函数模块式的结构，C 语言易于实现结构化程序设计，层次结构清晰，便于程序的编写、阅读和调试。

在程序设计中，将一些常用的功能模块编写成函数，放在函数库中供公共选用，可以减少重复编写程序段的工作量。

（1）一个源程序文件由一个或多个函数组成。一个源程序文件是一个编译单位，即以源文件为单位进行编译，而不是以函数为单位进行编译。

（2）一个 C 程序由一个或多个源程序文件组成。较大的程序一般不希望放在一个文件中，而将函数及其他有关内容（如指令、数据声明与定义等）分别放到若干个源文件中，由源文件组成一个 C 程序，分别编写和编译，从而提高工作效率。一个源文件可以被多个 C 程序公用。

（3）C 程序的执行从 main（）函数开始，调用其他函数后返回 main（）函数，在 main（）函数中结束程序的运行。main（）函数是由系统定义的函数。

（4）所有函数是平行的，即在定义函数时是互相独立的。一个函数并不从属于另一个函数，即函数不能嵌套定义。函数可以互相调用，但不能调用 main（）函数。

（5）从函数定义的角度看，函数分为标准函数和用户自定义函数。

①标准函数，即库函数：由 C 编译系统提供，用户无须定义，也不必在程序中作类型说明，只需在程序前包含该函数原型的头文件，即可在程序中直接调用。不同的编译系统提供的库函数的数量和功能不同，但基本的函数是共同的。

②用户自定义函数是由用户按需要编写的函数。不仅要在程序中定义，而且要在主调函数模块中对该被调函数进行类型声明后才能使用。

（6）从函数的形式看，函数分无参函数和有参函数。

①无参函数：在调用无参函数时，主调函数并不将数据传送给被调函数，而用来执行指定的一组操作。无参函数可以返回或不返回函数值，一般不返回函数值。

②有参函数。在调用函数时，在主调函数和被调用函数之间有参数传递，即主调函数将数据传送给被调用函数使用，被调用函数中的返回数据供主调函数使用。

# 8.1 定 义 函 数

C 语言要求，在程序中用到的所有函数必须"先定义，后使用"。函数定义确定函数完成的功能及运行方式，包括以下内容：

（1）指定函数类别，表明该函数是内部函数（static）还是外部函数（extern）。若为内部函数，则该函数只能在定义它的文件中被使用，而不能被引用到其他文件中；若为外部函数，则该函数可以被引用到程序的其他文件中。若省略函数的类别，系统则默认为外部函数。

（2）指定函数的类型，即函数返回值的类型，表明该函数是否有返回值。若没有返回值，则该部分应为 void；若有返回值，则要标明返回值的具体类型，并与 return 语句中的表达式类型一致。若省略函数的返回值类型，则系统默认为 int。

（3）指定函数名，以便以后按名调用。函数名称是一个标识符，是函数的入口地址，应符合标识符的起名规则。

（4）指定函数的参数名称和类型，以便在调用函数时传递数据。无参函数该项为 void 或为空。

（5）指定函数的函数体，即函数的执行部分。函数体是函数的主体，只有按功能编写相应的语句行，才能实现程序的功能。

无参函数的定义形式为：

**类型标识符 函数名称（）**　　　　　　　/\*函数的首部\*/

**{**

　　**声明部分**

　　**执行部分**　　　　　　　　　　　　/\*函数体\*/

**}**

类型标识符用来说明函数返回值的类型，也称为函数的类型。若函数无返回值，可用类型标识符 void 表示。

有参函数的定义形式为：

**类型标识符 函数名称（形式参数表列）**　// 函数的首部，形式参数简称为形参

**{**

　　**声明部分**

　　**执行部分**　　　　　　　　　　// 函数体

**}**

> **说明**
>
> （1）函数名称的命名要符合标识符的命名规则，同一程序中的函数不能重名。函数名称用来唯一标识一个函数。

（2）无参函数的形参表是空的，但"()"不能省略；有参函数的每个参数必须独立说明其类型，形参可以是变量名、数组名、指针变量名等，形参表中若多于一个形参，则形参之间用逗号分隔。

形式参数表列：类型1　参数1，类型2　参数2…

（3）大括号内的部分称为函数体。函数体由声明部分和执行部分构成。声明部分对函数内所使用变量的类型和被调用函数进行定义和声明；执行部分是实现函数功能的语句序列。

（4）当函数体为空时，称此函数为空函数。空函数没有实际作用，但在编写程序的开始阶段，可以在将来准备扩充功能的地方写上一个空函数（函数名称取将来采用的实际函数名称），这些函数没编写好，先占用一个位置，以后用编好的函数代替它。这样做，程序的结构清楚，可读性好，便于功能的扩充。如：

```
void dump(){}
```

是空函数的合法定义形式。

# 8.2　调 用 函 数

## 8.2.1　函数的调用形式

有参函数调用的一般形式为：

**函数名（实际参数表列）**　　　　　　　　**/\*实际参数简称为实参\*/**

无参函数调用的一般形式为：

**函数名（）**

**注意**

无参函数调用时，函数名后的"()"不能省略。

C语言里，调用函数有如下3种形式。

**1. 调用函数作为单独的C程序语句**

调用函数作为单独的C程序语句，是为了实现被调函数的功能，不要求函数带返回值。此时，只需在函数名（实参表列）后增加分号"；"。

**函数名（实参表列）；**

若被调用函数是无参函数，则为：

**函数名（）；**

**【例8.1】** 输出以下信息。

```
*****************************
        Hello World!
*****************************
```

**解题思路**：在输出的文字上下重复输出一行"*"，为了减少重复编写这段代码，可用函数 star（）输出一行"*"，用函数 message（）输出中间一行文字信息，由主函数 main（）依次调用这两个函数。

源程序如下：

```
#include <stdio.h>
  void star();                    /*函数 star()声明*/
  void message();                 /*函数 message()声明*/
main()
{
  star();                         /*调用 star()*/
  message();                      /*调用 message()*/
  star();                         /*再次调用 star()*/
}


void star()                       /*函数 star()，用来输出一行"*"*/
{
  printf("*****************************\n");
}


void message()                    /*函数 message()，用来输出一行信息*/
{
  printf("\tHello World!\n");
}
```

程序运行结果：

## 2. 调用函数作为表达式的运算对象

函数的调用出现在表达式里，要求函数返回一个确定值。

【例8.2】 编写程序，通过函数调用方式求两个整型数的最大值。

**解题思路**：定义函数 max（），求两个整数的最大值；在主函数中使用函数 scanf（）输入两个整型数，调用函数 max（）求出最大值，并使用函数 printf（）将最大值输出。

源程序如下：

```
#include <stdio.h>
int max(int x1,int x2)            /*定义函数的返回值类型、函数名、形参*/
{
  int max;                        /*变量声明部分*/
```

```
    max=(x1>x2?x1:x2);              /*求两个数的最大值,并赋值给变量max*/
    return (max);                   /*返回结果*/
}
main()
{
    int  a,b,m;                     /*变量声明部分*/
    printf("please input two mteger numbers:");
    scanf("%d,%d",&a,&b);
    m=max(a,b);                     /*调用函数max()*/
    printf("max=%d\n",m);
}
```

程序运行结果:

```
please input two integer numbers: 3,4
max=4
请按任意键继续. . .
```

### 3. 带返回值的函数调用作为其他函数的实参

【例8.3】 编写程序,通过函数调用的方式计算4个整数的最大值。

**解题思路:** 在例8.2求出两个整数的基础上,求4个整数的最大值。分两组进行比较,分别求出每组中的最大值,将结果进行比较求4个整数的最大值。

源程序如下:

```
#include <stdio.h>
int max(int x1,int x2)               /*定义函数max(),求两个整数的最大值*/
{
    int max;
    max=(x1>x2?x1:x2);
    return (max);                    /*返回结果*/
}
main()
{
    int x,y,z,w,d;
    printf("please input 4 integer numbers:");
    scanf("%d,%d,%d,%d",&x,&y,&z,&w);
    d=max(max(x,y),max(z,w));         /*求4个整数的最大值,并赋值给变量d*/
    printf("max = %d\n",d);
}
```

程序运行结果:

```
please input 4 integer numbers: 5,8,4,6
max = 8
请按任意键继续. . .
```

在该程序中函数 max（）的调用出现在其实参表列里，将其返回值赋值给外层 max（）的实参。

---

注意

在调用函数时，函数名称后的多个实参之间用逗号分开。实参与形参的数量必须相等，对应类型应一致，并且按顺序对应，一一传递数据。

---

## 8.2.2 函数的调用过程

函数的调用过程是：

（1）传递参数，为函数的所有形参分配内存单元，计算各个实参表达式的值，并按顺序为相应的形参赋值。若是无参函数，则不执行此过程。

（2）进入声明部分，为函数的局部变量分配内存单元。

（3）进入函数体，执行函数中的语句，实现函数的功能，遇到 return 语句时，计算 return 语句中表达式的值（若函数无返回值，本项不做），释放形参及本函数内定义的变量所占的内存空间，返回主调函数。

（4）继续执行主调函数中的后继语句。

例如，例 8.3 由函数 max（）和函数 main（）构成，程序从函数 main（）开始执行。当执行语句"d = max（max（x，y），max（z，w））；"时，调用函数 max（）并赋值给变量 d，调用过程为：

①计算 max（x，y）的值，为 x 和 y 分配存储单元，并将实参 x 和 y 的值分别传递给对应的形参 x 和 y，返回形参 x 和 y 的最大值，释放形参 x 和 y 所占存储单元。

②计算 max（z，w）的值，为形参 x 和 y 分配存储单元，并将实参 z 和 w 的值分别传递给对应的形参 x 和 y，返回形参 x 和 y 的最大值，释放形参 x 和 y 所占存储单元。

③计算 max（max（x，y），max（z，w））的值，为形参 x 和 y 分配存储单元，并将实参 max（x，y）和 max（z，w）的值分别传递给对应的形参 x 和 y，返回形参 x 和 y 的最大值，释放形参 x 和 y 所占存储单元。

④将值 max（max（x，y），max（z，w））赋值给变量 d，输出结果，结束程序。

## 8.2.3 函数声明

调用一个函数，要求该函数已经被定义。但仅有定义，有时仍然不能正确调用该函数，这时需要增加对被调函数的声明。因此，一个函数调用另一个函数必须具备的前提是：

（1）被调函数已存在，即被调函数是标准库函数或者用户已定义的函数；

（2）标准库函数要在主调函数所在文件的前面，用#include 命令包含相应的头文件；

用户定义函数要在主调函数调用前进行声明。

函数声明的目的是使编译系统在编译阶段对函数的调用进行合法性检查，判断形参与实参的类型、数量是否匹配。未进行函数声明而直接调用函数，可能会产生错误。

用户自定义函数时，每个函数只能被定义一次，而函数声明可以有多次。主调函数在调用函数之前，对该函数进行声明，即通知编译系统将调用该函数。

对函数声明采用函数原型的方法，函数声明格式如下：

**类型标识符 函数名（形参表列）；**

无参函数的形参表列为空，但"（）"不能省略。

在下面3种情况可以省略对被调函数的声明：

（1）被调函数的定义出现在主调函数之前，编译系统预先知道函数的类型，可根据函数首部对函数的调用进行检查；

（2）被调函数的返回值是整型或字符型，整型是系统默认的类型；

（3）在所有函数定义之前，在函数的外部已经声明函数。

调用函数前，对函数进行声明是一种良好的程序设计习惯，既能提高程序的正确性，把错误限制在较小的范围内（函数内），还能提高程序的可读性。为了程序的清晰和安全，建议在主调函数中对返回值为整型或字符型的被调函数进行声明。

**【例 8.4】** 通过函数调用方式实现以下功能：输入一个正整数，用字符"*"构成实心的三角形。

**解题思路：** 在主函数 main（）中输入一个正整数，作为"*"号的基数打印实心三角形。打印三角形的功能由函数 equi_trial（）完成。

源程序如下：

```c
#include <stdio.h>
main()
{
  int x;
  void equi_trial(int x);      /*对被调函数 equi_trial()进行声明*/
  printf("please input a positive integer numbers:");
  scanf("%d",&x);
  equi_trial(x);               /*调用 equi_trial()函数, x 为实参*/
}
void equi_trial(int x)         /*定义函数, x 为形参*/
{
  int i,j;
  for(i=0;i<x;i++)
  {
    for(j=0;j<i;j++)
      printf(" ");
    for(j=i;j<x;j++)
      printf("*");
    printf("\n");
  }
}
```

程序运行结果:

被调函数 equi_trial（）的定义在主调函数 main（）之后，并且函数 equi_trial（）的返回值类型为 void，因此必须在调用函数之前进行函数声明，声明位置可以在所有函数之前，也可以在主调函数内。去掉函数声明语句将会产生函数类型不匹配的错误。

## 8.2.4　函数的返回值

函数是完成特定功能的程序段，主调函数通过函数调用完成相应的功能，有时调用函数的目的不仅是完成其功能，也需要得到计算结果，这就需要函数的返回值。返回值的类型即为函数的类型。

函数的返回值通过被调用函数中的 return 语句实现，其调用格式为:

return 表达式;

或

return （表达式）;

【例 8.5】　通过函数调用方式计算两个浮点数的乘积。

**解题思路**：定义函数 fmul（），求两个浮点数的乘积；在主函数 main（）中使用函数 scanf（）输入两个浮点数，调用函数 fmul（）求出乘积，并使用函数 printf（）输出乘积。由于被调用函数 fmul（）的定义出现在主调函数之后，在函数调用之前要先对函数 fmul（）进行声明。

源程序如下:

```c
#include <stdio.h>
main()
{
  float fmul(float a,float b);    /*对被调函数 fmul()进行声明*/
  float x,y,proc;
  printf("please input two float numbers:");
  scanf("%f,%f",&x,&y);
  proc=fmul(x,y);                 /*调用函数 fmul()，返回值传递给变量 proc*/
  printf("the product is: %f\n",proc);
}
float fmul(float a,float b)       /*定义函数 fmul(),计算两个浮点数的乘积*/
{
  return (a*b);                   /*返回计算结果*/
}
```

程序运行结果：

```
please input two float numbers: 3,4
the product is: 12.000000
请按任意键继续. . .
```

说明

（1）return 语句的执行过程是首先计算表达式的值，然后将计算结果返回给主调函数。

（2）在定义函数时指定的函数类型一般应与 return 语句中的表达式类型一致。如例 8.5 中指定函数 fmul（）值为 float 类型，而变量 a、b 也被指定为 float 类型，通过 return 语句将 a*b 的值作为函数 fmul（）的返回值带回主调函数。a*b 的类型与函数 fmul（）的类型是一致的，是正确的。

（3）如果函数返回值的类型和 return 语句中表达式的值不一致，则以函数类型为准。数值型数据可以自动进行类型转换。函数返回值的类型由定义函数时，函数的首部类型决定。

（4）没有返回值的函数用 void 定义其函数值的类型，否则，函数将返回一个不确定的值。

（5）return 语句的另一项功能是结束被调函数的运行，返回到主调函数中继续执行后面的语句。在无返回值的函数中也可以有 return 语句，其格式为：

```
return;
```

这里的 return 语句用于结束函数的执行，返回主调函数。无 return 语句的函数执行到函数体后的"}"结束，返回主调函数。

## 8.2.5  函数调用中的参数传递

当被调函数是有参函数时，主调函数与被调函数之间具有数据传递关系。

定义函数时的参数称为形式参数，简称形参。形参在函数未被调用时没有确定的值，只是形式上的参数。调用函数时的参数称为实际参数，简称实参。实参可以是变量、常量或表达式，有确定的取值。函数定义时形参不占用内存，只有发生调用时才被分配内存单元，接收实参传来的数据。

定义函数时必须定义形参的类型。函数的形参与实参的数量应相等，对应的类型相同。形参和实参可以同名，形参是该函数内部的变量，即使形参和实参同名，也是两个不同的变量，占用不同的内存单元。

函数的参数有以下几种形式。

### 1. 普通变量作为函数的参数

普通变量作为函数的参数是单向的值传递，即将实参传递给形参，形参和实参分别分配存储空间，形参值的改变不会影响实参。例 8.2~例 8.5 均为普通变量作为函数的参数。

### 2. 数组元素作为参数

由于形参是在函数被调用时临时分配存储单元，不可能为一个数组元素单独分配存储单元（数组是一个整体，在内存中占用一段连续的存储单元），因此数组元素只能作为函数实参，不能作为形参。在用数组元素作为函数实参时，把实参的值传递给形参，也是单向的值传递方式。

【例8.6】 通过函数调用方式统计数组中正数的数量。

**解题思路：** 通过循环判断数组中每个元素是否为正数，若结果为正数则计数。判断正负的功能在被调函数中完成，数组元素作为实参传递给形参，判断结果作为函数的返回值。

源程序如下：

```c
#include <stdio.h>
#define N 10
int fun(int n)              /*定义函数fun(),用于判断元素的正负*/
{
  int f;
  if(n>0) f=1;
  else if(n==0) f=0;
      else f=-1;
  return f;                 /*返回判断结果*/
}
main()
{
  int a[N],i,num=0,f;
  printf("please input %d numbers:\n",N);
  for(i=0;i<N;i++)
    scanf("%d",&a[i]);
  for(i=0;i<N;i++)
  {
    f=fun(a[i]);            /*调用函数fun()判断a[i]的符号，赋值给变量f*/
    if(f==1) num++;
  }
  printf("the number of positive number is: %d\n",num);
}
```

程序运行结果：

```
please input 10 numbers:
1 -2 5 -3 9 -6 8 7 -4 4
the number of positive number is: 6
请按任意键继续. . .
```

### 3. 数组名作为函数的参数

数组是存储数据的重要工具。数组中存放的数据有次序关系，很容易进行统一处理。函数可以通过参数传递来处理数组。用数组名作为函数实参时，向形参（数组名或指针变量）传递的是数组在内存中的起始地址，形参和实参共用一个内存单元，形参值的改变会影响实参。

**【例 8.7】** 用数组名作为函数的参数完成例 8.6 的功能。

**解题思路：** 计数过程在被调函数中完成，通过地址传递的方式，将数组的首地址从主调函数传递给被调函数，使被调函数访问数组中的所有元素。

源程序如下：

```
#include <stdio.h>
#define N 10
int fun(int b[])                /*定义函数fun()统计正数的数量*/
{
  int i,n=0;
  for(i=0;i<N;i++)
    if(b[i]>0) n++;
  return n;                     /*返回统计结果*/
}
main()
{
  int a[N],i,num=0;
  printf("please input %d numbers:\n",N);
  for(i=0;i<N;i++)
    scanf("%d",&a[i]);
  num=fun(a);                   /*调用函数fun()统计正数的数量，将结果传递给变量num*/
  printf("the number of positive number is:%d\n",num);
}
```

程序运行结果：

```
please input 10 numbers:
1 -2 5 -3 9 -6 8 7 -4 4
the number of positive number is: 6
请按任意键继续. . .
```

#### 4. 指针变量作为函数的参数

将普通变量的地址传递给形参变量，形参变量必须是指针类型的。指针作为函数参数进行传递，实质上还是值的单向传递，只不过传递的是地址值，实参和形参指向同一个存储单元。在函数中改变形参变量所指向的内存单元的值，相当于改变了实参所指向的存储单元的值，实参指针变量的值没有改变。在程序设计过程中，往往利用这点，在编写程序时，通过函数调用改变多个值。

**【例 8.8】** 通过函数调用方式计算 3×4 阶矩阵的最大值及所在位置。

**解题思路：** 被调函数需返回矩阵的最大值及所在的行号和列号，而 return 语句只能带回一个值，因此在被调函数的形参中，除了需要有数组接收主调函数传递过来的二维数组的起始地址，还要将指针变量作为参数，接收实参传递过来的普通变量的地址，使实参和形参指向同一个存储单元，达到改变实参变量的目的。

源程序如下：

```
#include <stdio.h>
void fun(int b[][4],int *x,int *y,int *z)          /*定义函数fun()*/
{
  int i,j;
  *x=b[0][0];*y=0;*z=0;
  for(i=0;i<3;i++)
    for(j=0;j<4;j++)
      if(*x<b[i][j])
      {
        *x=b[i][j];*y=i;*z=j;
      }
}
main()
{
  int a[3][4],i,j,max,row,col;
  printf("input 12 integer numbers:\n");
  for(i=0;i<3;i++)
    for(j=0;j<4;j++)
      scanf("%d",&a[i][j]);
  printf("the matrit is:\n")
  for(i=0;i<3;i++)
  {
    for(j=0;j<4;j++)
      printf("%5d",a[i][j]);
    printf("\n");
  }
  fun(a,&max,&row,&col);                   /*调用函数*/
  printf("max=%d\nrow=%d\ncol=%d\n",max,row,col);
}
```

程序运行结果：

```
input 12 integer numbers:
3 -8 5 7 6 -2 9 4 8 -7 1 -3
the matrix is:
    3   -8    5    7
    6   -2    9    4
    8   -7    1   -3
max=9
row=1
col=2
请按任意键继续. . .
```

## 8.2.6 函数的嵌套调用

C 语言中，函数的定义是平行的、独立的，函数间无从属关系，不允许嵌套定义，但可以嵌套调用，即在调用一个函数的过程中，被调用的函数又可以调用另一个函数。无论嵌套调用多少层，每个函数调用结束后都会返回到调用点，继续执行程序，直到主函数执行完成时程序运行结束。嵌套调用为结构化的程序设计提供了基本的支持。两层嵌套的函数调用过程示意如图 8-1 所示。

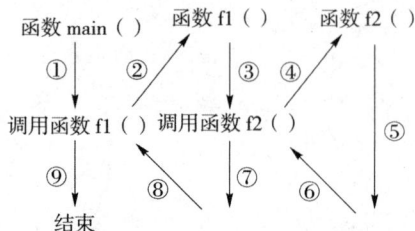

图 8-1 函数嵌套调用过程示意

从函数 main（）开始执行程序，当遇到调用函数 f1（）语句时，执行函数 f1（）。在执行函数 f1（）的过程中遇到调用函数 f2（）语句，执行函数 f2（）。在执行函数 f2（）的过程中，遇到 return 语句或该函数的外层 "}" 时，返回到函数 f1（）。继续执行函数 f1（）语句的下一条语句。在函数 f1（）中遇到 return 语句或该函数的外层 "}" 时，返回到函数 main（），从调用函数 f1（）语句的下一条语句继续执行，直到遇到函数 main（）的外层 "}" 时，程序运行结束。

**【例 8.9】** 编写程序，通过函数调用方式求 3 个实型数的最大值。

**解题思路：** 在主函数 main（）中调用函数 maxx（），找出 3 个实型数中的最大值；在函数 maxx（）中调用函数 max（），找出 2 个实型数中的最大值。在函数 maxx（）中多次调用函数 max（），可以找出 3 个实型数中的最大值，把它作为函数返回值带回到主函数中，在主函数中输出结果。

源程序如下：

```
#include <stdio.h>
/*定义函数max()求2个实型数的最大值*/
float max(float x,float y)
{
  float m1;
  m1=x>y?x:y;
  return m1;
}
/*定义函数maxx()求3个实数的最大值*/
float maxx(float x,float y,float z)
{
  float m2;
  m2=max(x,y);     //调用函数max()
```

```
    m2=max(m2,z);  //再次调用函数max()
    return m2;
}
main()
{
    float a,b,c,m;
    printf("please input three float numbers:");
    scanf("%f,%f,%f",&a,&b,&c);
    m=maxx(a,b,c);
    printf("max=%f\n",m);
}
```

程序运行结果：

```
please input three float numbers: 7.5,8.8,6
max=8.800000
请按任意键继续. . .
```

> **说明**
>
> （1）可以将函数 maxx（）的函数体改为只用一个 return 语句，返回一个条件表达式的值：
> ```
> float max(float x,float y)
> {
>     return (x>y?x:y);
> }
> ```
> （2）在函数 maxx（）中，两个调用函数 max（）的语句可以用一行代替：
> ```
> float maxx(float x,float y,float z)
> {
>     return max(max(x,y),z);
> }
> ```
> 先调用函数 max（x，y）得到 x 和 y 中的最大值，再调用函数 max（max（x，y），z）（其中函数 max（x，y）为已知），求得 x、y、z 中的最大值。

## 8.2.7　函数的递归调用

函数的递归调用指在调用函数的过程中，直接或间接地调用函数自身。合理的递归调用应是有限的，在一定条件下能够停止。递归算法里必须具有使函数调用终结的条件，称为递归终结条件。

从程序设计的角度考虑，递归算法包括递归公式和递归终结条件。递归过程可表示为：

if（递归终结条件）return（终结条件下的值）；

else return（递归公式）；

从数学的角度考虑就是构造递归函数。

【例8.10】 计算 n!。

**解题思路：** 计算非负整数 n 的阶乘的递归函数为：

$$\begin{cases} f(n) = 1 & n = 0 \\ f(n) = 1 & n = 1 \\ f(n) = n \times f(n-1) & n > 1 \end{cases}$$

在函数定义中，n > 1 时给出的是递归公式，n = 0 或 n = 1 时给出的是递归的终结条件。

源程序如下：

```c
#include <stdio.h>
main()
{
  long fac(int n);              /*函数声明*/
  int n;
  printf("please enter n: ");
  scanf("%d",&n);
  printf("n!=%ld",fac(n));
}
long fac(int n)                 /*定义递归函数，求n!*/
{
  long f;
  if(n==0||n==1) f=1;          /*若是终结条件，返回终结条件下的值*/
  else f=n*fac(n-1);            /*若非终结条件，递归调用函数自身*/
  return f;
}
```

程序运行结果：

```
please enter n: 4
n!=24
请按任意键继续. . .
```

若运行该程序，输入"4"，则程序的运行过程如图 8-2 所示，其运行分为调用过程和返回过程。

（1）调用过程：不断地调用递归函数，直至最终达到递归终结条件。

（2）返回过程：由终结递归条件（值）返回开始，沿调用过程的逆过程，逐一求值返回，直至函数的最初调用结束。

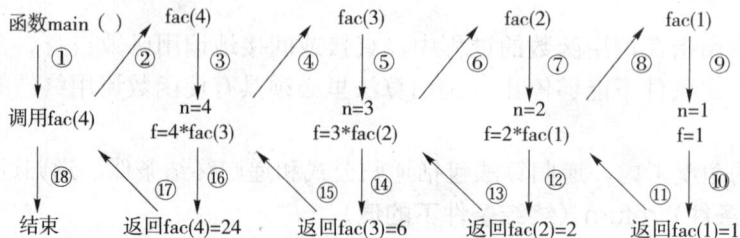

图 8-2 求阶乘的程序运行过程

递归方法给出了求解问题的过程，比较直观，程序的可读性好，但效率较低，往往要消耗大量的内存资源和机器时间。在对程序的性能要求不太高时，可采用递归算法来解决。

【例 8.11】 汉诺塔问题求解。有 3 根柱子，分别为 A、B、C。A 柱上有 n 个大小不等的盘子（大的在下，小的在上），如图 8-3 所示。将这 n 个盘子借助于 B 柱，从 A 柱移动到 C 柱上。要求：在移动时，每次只能移动一个盘子，且不能以大压小。

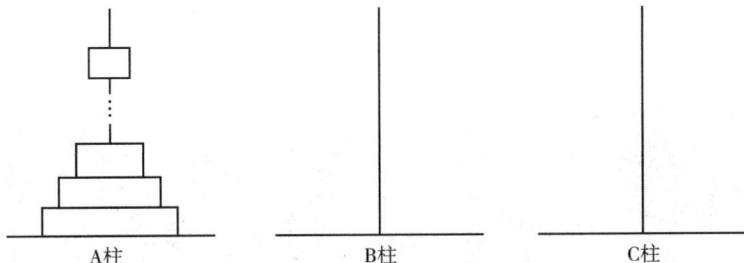

图 8-3 汉诺塔问题求解示意

**解题思路：**

根据题意分析，一共有 n 个盘子：

（1）当 n=1 时，只需将盘子从 A 柱移动到 C 柱。移动结束。

（2）当 n=2 时，将 A 柱顶层的盘子移动到 B 柱，底层的盘子移动到 C 柱；再将 B 柱的盘子移动到 C 柱。移动结束。

（3）当 n=3 时，将 A 柱的第 1 个盘子移动到 C 柱，第 2 个盘子移动到 B 柱；将 C 柱的盘子移动到 B 柱，A 柱的最后一个盘子移动到 C 柱；将 B 柱的第 1 个盘子移动到 A 柱，第 2 个盘子移动到 C 柱；将 A 柱的盘子移动到 C 柱。移动结束。

......

以此类推，可以得出规律：只有完成 n=1 时的任务，才能完成 n=2 时的任务，也就是说，任务的规模从小到大，逐层累积。这是基于递归的操作。

定义函数 hanoi（）完成功能：先将 A 柱上前 n−1 个盘子借助于 C 柱移到 B 柱上，将 A 柱上的最大盘子移动到 C 柱；再将 B 柱上的 n−1 个盘子借助于 A 柱移动到 C 柱。递归调用函数 hanoi（），直至 n=1 时，只移动 1 个盘子，递归结束。

源程序如下：

```c
#include <stdio.h>
void hanoi(int n,char a,char b,char c)
{
  if(n==1) printf("%c-->%c\n",a,c); //递归终结条件
  else
  {
    hanoi(n-1,a,c,b);      //调用函数hanoi()将A柱上的前n-1个盘子借助C柱移动到B柱
    printf("%c-->%c\n",a,c); //提示将A柱上的盘子移到C柱
    hanoi(n-1,b,a,c);      //再次调用函数hanoi(),将B柱上的n-1个盘子借助A柱移动到C柱
  }
}
main()
```

```
{
    int n;
    printf("please input the numbers of plate:");
    scanf("%d",&n);
    hanoi(n,'A','B','C');
}
```

程序运行结果:

```
please input the number of plate: 3
A-->C
A-->B
C-->B
A-->C
B-->A
B-->C
A-->C
请按任意键继续. . .
```

# 8.3 函 数 与 宏

## 8.3.1 宏定义

宏定义用指定的宏名（标识符）代替宏体。

### 1. 不带参数的宏定义

不带参数的宏定义的一般形式为：

#define 宏名 宏体

其中，#define 是宏定义命令，宏名是一个标识符，宏体是一个字符序列。

【例8.12】 计算半径为 r 的圆的周长和面积。

**解题思路**：输入圆的半径 r，分别计算圆的周长和面积并输出。计算过程中多次用到圆周率，可用宏定义用 PI 代替圆周率。

源程序如下：

```
#include <stdio.h>
#define PI 3.1415926      //宏定义，用指定的标识符 PI 代替 3.141 592 6
main()
{
    float r,l,s;
    printf("please input r:");
    scanf("%f",&r);
    l=2*PI*r;
    s=PI*r*r;
```

```
    printf("l=%f\ns=%f\n",l,s);
}
```

程序运行结果：

```
please input r: 10
l=62.831852
s=314.159271
请按任意键继续. . .
```

在程序中，凡是使用 3.141 592 6 这个字符序列的地方，都可用 PI 来代替。由此可见，宏定义能用一个简单的标识符代替一个冗长的字符序列，便于程序的书写、阅读和修改，非常有实际意义。

在编译预处理时，编译程序将所有的宏名替换成对应的宏体。用宏体替换宏名的过程称为宏展开，也称宏替换。

**说明**

（1）为便于程序阅读，宏名习惯上大写。

（2）宏定义不是 C 语句，不能在行尾加分号。如果加了分号，分号则作为宏体的一部分。一个宏定义要独占一行。

（3）宏定义的位置任意，一般放在函数外。

（4）取消宏定义的命令是#undef，其一般形式为：

#undef 宏名

（5）宏名的作用域为宏定义命令之后到本源文件结束，或遇到#undef结束。

（6）在程序中，若宏名用双引号括起来，在宏替换时不进行替换处理。

（7）宏定义可以嵌套，即在一个宏定义的宏体中可以含有前面宏定义中的宏名。在宏定义嵌套时，应使用必要的圆括号，否则可能得不到所需的结果。

（8）宏替换只进行简单的字符替换，不进行语法检查。

（9）在一个源文件中可以对一个宏名多次定义。新的宏定义出现时，前面同名的宏定义将被取消。

**2. 带参数的宏定义**

带参数的宏定义的一般形式为：

**#define 宏名（形参表列） 宏体**

其中，#define 是宏定义命令，宏名是一个标识符，形参表列是用逗号隔开的标识符序列，宏体是包含形参的字符序列。

在程序中使用带参数宏的一般形式为：

**宏名（实参表列）**

其中，实参表列是逗号隔开的表达式。

**【例8.13】** 已知圆柱体的半径和高，计算其表面积和体积。

**解题思路：** 输入圆的半径 r 和高 h，分别计算圆柱体的表面积和体积，再分别输出。计算公式可用带参数的宏代替。

源程序如下：

```
#include <stdio.h>
#define PI 3.14159
#define S(r,h)  2*PI*(r)*(r)+2*PI*(r)*(h)      //带参数的宏定义
#define V(r,h)  PI*(r)*(r)*(h)
main()
{
  float a,b,bm,bl;
  printf("please input r,h:");
  scanf("%f,%f",&a,&b);
  bm=S(a,b);              //使用宏
  bl=V(a,b);
  printf("r=%.2f,h=%.2f,bm=%.2f,bl=%.2f\n",a,b,bm,bl);
}
```

程序运行结果：

```
please input r,h: 10,20
r=10.00,h=20.00,bm=1884.95,bl=6283.18
请按任意键继续. . .
```

在编译预处理时，用宏体中的字符序列从左向右替换。如果不是形参，则保留；如果是形参，则用程序语句中相应的实参替换。

> **说明**
>
> （1）定义带参数的宏时，宏名和右边的圆括号之间不能加空格，否则，就成了不带参数的宏定义。如上例中宏定义改为：
> `#define S (r,h)  2*PI*(r)*(r)+2*PI*(r)*(h)`
> 则宏名为 S，宏体为（r, h）   2 * PI * (r) * (r) + 2 * PI * (r) * (h)。
> （2）为了正确进行替换，一般将宏体和各形参都加上圆括号。
> （3）若实参是表达式，宏替换之前不求解表达式，宏替换之后进行编译时再求解。

## 8.3.2  函数与带参数的宏的区别

函数与带参数的宏都能够多次使用，但函数的调用与带参数的宏的使用形式有很大区别。

带参数的宏在系统编译之前就将实际参数替换成形式参数，然后展开到程序中，用指定参数的字符序列替换宏名（参数表列），最后进行编译连接生成目标程序。函数先进行编译连接，生成目标程序，然后，在函数调用时将实际参数的值传递给形式参数变量，参与函数的执行。

【例 8.14】   用函数调用计算圆柱体的表面积和体积。

**解题思路：**定义函数 s（）和函数 v（）分别计算圆柱体的表面积和体积。在主函数 main（）中，输入圆的半径 r 和高 h，分别调用函数 s（）和函数 v（）计算圆柱体的表面积和体积并输出。

源程序如下：

```c
#include <stdio.h>
#define PI 3.14159
float s(float r,float h)
{
  return (2*PI*r*r+2*PI*r*h);
}
float v(float r,float h)
{
  return (PI*r*r*h);
}
main()
{
  float a,b,bm,bl;
  printf("please input r,h:");
  scanf("%f,%f",&a,&b);
  bm=s(a,b);
  bl=v(a,b);
  printf("r=%.2f,h=%.2f,bm=%.2f,bl=%.2f\n",a,b,bm,bl);
}
```

程序运行结果：

```
please input r,h: 10,20
r=10.00,h=20.00,bm=1884.95,bl=6283.18
请按任意键继续. . .
```

例 8.13 与例 8.14 的运行结果是一样的。用函数完成时，参数传递是在函数调用时进行的。也就是说，函数已经通过编译连接生成了目标程序，在调用函数时只是将实参表达式的值传递给形参变量，然后执行函数功能部分。用带参数的宏完成时，要在程序编译之前完成宏替换，然后对宏替换后的程序进行编译连接，生成目标程序。因此，从内部处理的过程来看，它们是不同的。

综上所述，函数与带参数的宏比较，有以下不同点：

（1）函数调用求出实参表达式的值后代入形参变量，而带参数的宏只进行简单的字符替换。

（2）函数调用在程序运行时分配临时的内存单元，而宏替换在编译之前进行，不分配内存单元，不进行值的传递，也没有返回值。

（3）函数中的实参表达式和形参变量都有类型，而宏不存在类型，宏名和宏参数无类型。

（4）调用函数只能得到一个返回值，而宏调用可以得到多个结果。例如，用宏调用得到多个结果的形式完成例 8.13 的功能，可将宏定义改写成：

```c
#define CIRCLE(R,H,S,V)  S=2*PI*(R)*(R)+2*PI*(R)*(H);V=PI*(R)*(R)*(H)
```

宏调用语句写成：

```
CIRCLE(a,b,bm,bl);
```

实际上，这个宏替换展开了多个 C 语句，可得到多个结果。

（5）多次使用宏时，由于每次替换都会使程序增长，因此宏替换后的源程序很长；而函数调用不会使源程序变长。

（6）宏替换不占用运行时间，只占用编译时间；而函数调用占用运行时间，不占编译时间。

使用带参数的宏一般会使程序简洁，给程序设计带来方便，但容易出错。函数通常完成一个预定功能，使程序结构更紧凑。另外，函数能实现所有带参数的宏所完成的功能，而带参数的宏不能完成所有函数的功能。

# 8.4  函数指针与返回指针的函数

## 8.4.1  指向函数的指针变量定义的一般形式

指向函数的指针变量定义方式为：

**类型说明符（\*指针变量名）（）；**

类型说明符指函数返回值的类型，如：

int（\*fp）（）；

fp 是一个指向函数的指针变量，该函数的返回值是整型数据，即 fp 所指向的函数只能是返回值为整型的函数。

> **注意**
>
> 在定义指向函数的指针变量时，两对圆括号都不能省略。下面两种形式具有不同的含义：
>
> ```
> int   (*fp)();   /*定义一个指向函数的指针变量*/
> int   *fp();      /*在老版本的 C 语言，这是声明返回整型指针值的函数原型*/
> ```

## 8.4.2  用指向函数的指针变量调用函数

定义了指向函数的指针变量后，通过指针变量可以间接调用函数。用指向函数的指针变量调用函数分为两个步骤：

（1）将函数的入口地址（即函数名）赋值给指向函数的指针变量；

（2）用指向函数的指针变量（连同圆括号）代替函数名。

**1. 利用指针进行函数的选择调用**

根据不同的条件，将不同的函数首地址赋值给函数指针变量，通过函数指针变量来间接地调用该函数，从而达到根据不同条件调用不同函数的目的。

【例8.15】 已知切比雪夫多项式的定义如下：

$$x \qquad (n=1)$$
$$2x^2-1 \qquad (n=2)$$
$$4x^3-3x \qquad (n=3)$$
$$8x^4-8x^2+1 \qquad (n=4)$$

编写程序，从键盘输入正整数 n（1≤n≤4）和实数 x，根据 n 的值调用不同函数，计算多项式的值。

**解题思路：** 定义 4 个函数 fun1（）、fun2（）、fun3（）、fun4（），分别计算 n 取不同值时的多项式。在主函数 main（）中输入正整数 n，通过指向函数的指针变量调用对应的函数。

源程序如下：

```
#include <stdio.h>
main()
{
  /*函数声明*/
  float fun1(float x);
  float fun2(float x);
  float fun3(float x);
  float fun4(float x);
  float (*p)(float);            /*定义函数指针变量*/
  float x,f;
  int n;
  do
  {
    printf("input x,n: ");
    scanf("%f,%d",&x,&n);
  }while(n<1||n>4);
  /*将函数的首地址赋值给函数指针变量*/
  switch(n)
  {
    case 1: p=fun1;break;
    case 2: p=fun2;break;
    case 3: p=fun3;break;
    case 4: p=fun4;break;
  }
  f=(*p)(x);                    /*通过指向函数的指针变量调用函数*/
  printf("f(%6.2f)=%f\n",x,f);
}
/*计算多项式 x*/
float fun1(float x )
{
```

```
    return (x);
}
/*计算多项式 2x²-1*/
float fun2(float x)
{
    return (2*x*x-1);
}
/*计算多项式 4x³-3x*/
float fun3(float x)
{
    return (4*x*x*x-3*x);
}
/*计算多项式 8x⁴-8x²+1*/
float fun4(float x)
{
    return (8*x*x*x*x-8*x*x+1);
}
```

程序运行结果:

```
input x,n: 2,3
f( 2.00)=26.000000
请按任意键继续...
```

### 2. 指向函数的指针变量作为函数参数

用指向函数的指针变量作为函数参数，把相应函数的入口地址传送给主调函数。函数通过函数指针变量调用相应的函数。

【例 8.16】 利用指向函数的指针变量作为函数参数编写程序，计算下列等式:

$$a^2 - b^2 = (a+b)(a-b)$$

解题思路：定义函数 add() 实现加法操作，定义函数 sub() 实现减法操作，定义函数 mul() 实现乘法操作。在函数 mul() 中，形参使用指向函数的指针变量，在主函数调用语句，使用函数名 add 和函数名 sub 作为函数 mul() 的实参，此时形参 f1 指向函数 add()，形参 f2 指向函数 sub()。

源程序如下:

```
#include <stdio.h>
main()
{
    int add(int a,int b);
    int sub(int a,int b);
    int mul(int (*f1)(),int (*f2)(),int a,int b);    /*函数声明*/
    int a,b,d;
    printf("input integer numbers a,b: ");
```

```
    scanf("%d,%d",&a,&b);
    d=mul(add,sub,a,b);                      /*函数指针作为函数的实参*/
    printf("%d*%d-%d*%d=%d\n",a,a,b,b,d);
}
int mul(int (*f1)(),int (*f2)(),int a,int b)   /*函数指针变量作为函数形参*/
{
    return ((*f1)(a,b)*(*f2)(a,b));            /*通过指向函数的指针调用函数*/
}
int add(int a,int b)
{
    return (a+b);
}
int sub(int a,int b)
{
    return (a-b);
}
```

程序运行结果：

```
input integer numbers a,b: 3,4
3*3-4*4=-7
请按任意键继续. . .
```

## 8.4.3　返回指针值的函数

函数的返回值不仅可以是整型、实型、字符型等数据，也可以是指针类型的数据，即地址值。当函数返回指针类型数据时，应在定义函数时对返回值的类型进行说明，说明的格式为：

**函数返回值类型　*函数名（形式参数表列）**

例如：

```
int *func()            /*说明函数 func()的返回值是指向整型的指针*/
{
    int *p;
    …
    return (p);         /*返回地址值，应与函数首部类型相同*/
}
```

**【例 8.17】**　输入整型数 a、b、c，通过函数调用得到其中最大数的地址。

**解题思路**：在主函数 main（）中输入整型数 a、b、c；定义一个求最大数函数 func（），它是一个返回指针的函数，形参是整型变量 x、y、z，接收从主函数传递过来的 3 个整型数，函数的返回值是 3 个整型数中最大数的地址；在主函数输出最大数。

源程序如下：

```
#include<stdio.h>
int *func(int x,int y,int z);              /*函数声明*/
main()
{
  int a,b,c,*p;
  printf("please input a,b,c: ");
  scanf("%d,%d,%d",&a,&b,&c);
  p=func(a,b,c);
  printf("a=%d,b=%d,c=%d,*p=%d\n",a,b,c,*p);
}
int *func(int x,int y,int z)              /*返回地址值的函数*/
{
  if(x>=y&&x>=z) return(&x);
  if(y>=x&&y>=z) return(&y);
  return (&z);
}
```

程序运行结果：

```
please input a,b,c: 23,44,59
a=23,b=44,c=59,*p=59
请按任意键继续. . .
```

函数 func（）返回最大数 c 的地址。

返回指针类型的函数通常在内存中开辟存储单元，并返回该存储单元的地址。

# 8.5 局部变量和全局变量

变量是程序运行过程中值可以改变的量。编译系统为变量分配内存单元，用来存放程序运行过程中的输入数据、中间结果和最终结果等。

在讨论函数的形参变量时曾经提到，形参变量在函数内有效，离开该函数就不能再使用，这种变量的合法使用范围称为变量的作用域。变量的作用域与定义变量的位置密切相关，变量只能在其作用域内使用。

C 语言中的变量，从作用域来区分可分为局部变量和全局变量。

## 8.5.1 局部变量

在函数内部（或复合语句内部）定义的变量称为局部变量，也称内部变量。

### 1. 局部变量的作用域

局部变量的作用域是指定义该变量的函数或复合语句的范围，在它的作用域之外，局部变量是不可见的。换言之，函数或复合语句内定义的局部变量不能被其他的函数或复合语句引用。

局部变量的生存期是指定义该变量到函数或复合语句结束的这段时间。

局部变量包含自动类型变量、寄存器类型变量和内部静态类型变量。函数形参的作用范围只在该函数体内，属于局部变量。

使用局部变量有助于实现信息隐蔽，即使不同的函数定义了同名的局部变量，也不会相互影响。

分析下面的变量的作用范围。

```
float f1(int a)                /*定义函数f1()，形参a只在f1()中有效*/
{
  int b,c;                     /*在函数f1()中定义变量b、c，只在f1()中有效*/
  ……
}
char f2(int x,int y)           /*定义函数f2()，形参x、y只在f2()中有效*/
{
  int i,j;                     /*在函数f2()中定义变量i、j，只在f2()中有效*/
  ……
}
int main()                     /*主函数*/
{
  int m,n;                     /*在主函数中定义变量m、n，只在主函数有效*/
  ……
  {
    int p;                     /*在复合语句中定义变量m、n，只在复合语句内有效*/
    p=m+n;
    ……
  }
  ……
  return 0;
}
```

**说明**

（1）在主函数中定义的变量是局部变量，如函数 main（）中的变量 m 和 n 只在主函数中有效，并不因为它在主函数中定义而在整个程序或文件中有效。另外，主函数也不能使用其他函数中定义的变量。

（2）形参变量是局部变量，只在它所在的函数中有效，其他函数不能使用。如函数 f1（）的形参 a，只在函数 f1（）中有效。其他函数可以调用函数 f1（），但不能直接引用函数 f1（）的形参 a。

（3）不同函数定义的局部变量可以同名，它们代表不同的对象，分配不同的单元，互不干扰，也不会发生混淆。

（4）在复合语句中可以定义局部变量，其作用域只在复合语句范围内。如函数 main（）中的变量 p，只在 p 所在的复合语句内有效，离开该复合语句该变量就无效，系统会把它占用的内存单元释放。

### 2. 局部变量的存储

局部变量的作用域是定义它的函数或复合语句。局部变量的存储类别是指它在内存中的存储方法。局部变量可存放于内存的动态区、寄存器或静态区，但作用域不变。

1）自动存储类型变量

自动存储类型变量的存储单元被分配在内存的动态存储区中，其声明形式为：

**auto 类型 变量名;**

在函数内部，自动存储类型是系统默认的类型，在函数中定义的变量没有声明为 auto，都隐含指定为自动存储类型变量。

函数内不作特别声明的变量、函数的形参在进入函数或复合语句时分配内存单元，在该函数或复合语句运行期间一直存在，运行结束时自动释放。自动存储类型变量的作用域和生存期是一致的，在它的生存期内都是有效的、可见的。

函数内部的自动存储类型变量在每次函数被调用时，系统都会在内存的动态区为它们重新分配内存单元。随着函数的频繁使用，某个变量的存储位置随着程序的运行不断变化，因此未赋初值的自动存储类型变量的值是不确定的。

2）寄存器存储类型变量

寄存器存储类型变量的存储单元被分配在寄存器中，其声明形式为：

**register 类型 变量名;**

例如：

```
register int i;
```

寄存器存储类型变量的作用域、生存期与自动存储类型变量相同。由于寄存器的存取速度比内存的存取速度快得多，通常将频繁使用的变量放在寄存器中（如循环体中涉及的局部变量），以提高程序的执行速度。

由于计算机中寄存器的个数是有限的，寄存器的数据位数也是有限的，因此定义寄存器存储类型变量的个数不能太多，并且只有整型变量和字符型变量可以定义为寄存器存储类型变量。

寄存器存储类型变量的定义通常是不必要的。目前，优化的编译系统能够识别频繁使用的变量，并能够在不需要编程人员作出寄存器存储类型声明的情况下，把这些变量存放在寄存器中。

3）静态存储类型变量

静态存储类型变量的存储单元被分配在内存空间的静态存储区中，其声明形式为：

**static 类型 变量名;**

静态存储类型变量在编译的时候被分配内存、赋初值，并且只能被赋初值一次。对未赋值的静态存储类型变量，系统自动赋值为 0（字符型为'\0'）。在整个程序运行期间，静态存储类型变量在内存的静态存储区占用固定的内存单元，即使它所在的函数调用结束，也不释放存储单元，其值会继续保留，因此下次再调用该函数时，静态存储类型变量仍使用原来存储单元中的值。利用静态存储类型变量的这个特点，可以编写需要在被调用结束后仍保存局部变量值的函数。

用静态存储类型定义的局部变量的作用域是定义该变量的函数或复合语句内部。虽然静态存储类型变量在整个程序运行期间都是存在的，但在它的作用域外，它是不可见的，不能被其他函数引用。

【例 8.18】　用静态存储类型变量求 1～100 的和。

解题思路：编写函数 sum（）实现累加，第 1 次调用时加 1，第 2 次调用时加 2，第 3 次调用时加 3，依此规律进行下去，直至 100。

源程序如下：

```c
#include <stdio.h>
int sum(int x)
{
  static int s=0;          /*定义静态存储类型的局部变量*/
  s=s+x;
  return s;
}
main()
{
  int i,k;
  for(i=1;i<=100;i++)
    k=sum(i);
  printf("1+2+3+…+%d=%d\n ",i-1,k);
}
```

程序运行结果：

```
1+2+3+…+100=5050
请按任意键继续. . .
```

程序从主函数开始运行，此时函数 sum（）的静态存储类型变量 s 在静态存储区已被分配存储单元并初始化为 0。主函数 main（）调用函数 sum（），第 1 次为"k = sum（1）;"，s 是静态存储类型局部变量，初始化为 0，执行"s = s + x;"，s 内保存的是 1；第 2 次为"k = sum（2）;"，s 不再初始化，执行"s = s + x;"，s 内保存的是 3；第 3 次为"k = sum（3）;"，执行"s = s + x;"，s 内保存的是 6，……，直到第 100 次，s 内保存的是 5 050。

## 8.5.2　全局变量

在函数外任意位置定义的变量称为全局变量，也称为外部变量。全局变量的作用域从定义它的位置开始，直至它所在的源程序文件结束。在变量作用范围以外的段使用该全局变量，可以在段内利用声明的方式拓展变量的作用范围。

### 1. 全局变量的作用域

全局变量包含外部类型变量和外部静态类型变量。

【例 8.19】　已知 10 个学生成绩存放在一维数组中，利用函数调用方式求出平均分、最高分和最低分。

**解题思路：**主函数在调用函数 average（）时用数组名作为实参，实现地址传递，函数 average（）的值是由 return 语句返回的变量 aver 的值，这样，在主函数中就得到了平均分。而最高分和最低分是通过全局变量 max 和 min 获得的。调用一个函数可以得到一个函数返回值，现在希望通过函数调用得到 3 个结果，利用全局变量达到此目的。

源程序如下：

```
#include <stdio.h>
float max=0,min=0;                    /*定义全局变量 max 和 min*/

float average(float a[],int n)
{
  int i;
  float aver,sum=a[0];                /*定义局部变量 aver 和 sum*/
  max=min=a[0];
  for(i=1;i<n;i++)
  {
    if(a[i]>max) max=a[i];
    if(a[i]<min) min=a[i];
    sum=sum+a[i];
  }
  aver=sum/n;
  return aver;                        /*返回平均值*/
}

main()
{
  float ave,score[10];
  int i;
  printf("please input 10 scores: \n");
  for(i=0;i<10;i++)
    scanf("%f",&score[i]);
  ave=average(score,10);
  printf("max=%6.2f\nmin=%6.2f\nave=%6.2f\n",max,min,ave);
}
```

程序运行结果：

```
please input 10 scores:
80 67 93 75.5 84 78 92.5 71.5 90 86
max= 93.00
min= 67.00
ave= 81.75
请按任意键继续. . .
```

> **说明**
>
> （1）在同一个源文件中，如果全局变量和局部变量同名，则在局部变量的作用域内，全局变量不起作用。
>
> （2）全局变量的使用增加了函数之间传递数据的途径，在全局变量作用域内的任何函数都能引用该全局变量。一个函数对全局变量的修改将影响其他引用该变量的函数，因此对全局变量的使用不当会产生意外的错误。
>
> （3）全局变量的使用会降低函数的通用性。从结构化程序设计的角度看，函数应是完成单一功能的程序段，过多地使用全局变量，会增加函数之间的依赖性，增强函数的耦合性。一般情况下，在性能无特别要求时，应避免使用全局变量。

**2. 全局变量的存储**

全局变量只能存放在内存的静态存储区，其生存期是整个程序的运行期。全局变量的作用域局限于定义它的程序文件，经过声明后，该类变量可被程序的其他文件所引用。

1）全局变量的分类

全局变量分为程序级全局变量和文件级全局变量。

（1）程序级全局变量又称为外部存储类型的全局变量，是在函数外部定义的变量，定义时不加任何存储类型的声明，其作用域是整个程序。程序级全局变量加上特定的声明即可被所在程序的其他程序文件所使用。

（2）文件级全局变量也称为静态存储类型的全局变量，也是在函数外部定义的变量，定义时需说明符 static 进行声明，其作用域是它所在的程序文件。虽然文件级全局变量在程序的运行期间一直存在，但它不能被其他程序文件使用。用 static 声明的全局变量能够限制变量作用域的扩展，达到信息隐蔽的目的。

2）全局变量的声明

定义和声明是两个不同的概念。定义一个函数包含两部分：函数首部和函数体，函数体又分为声明部分和执行部分，声明部分对函数内要使用的变量和要调用的函数进行声明。函数定义和声明有明显的区别。对于变量而言，声明部分出现的变量有两种情况：一种需要分配存储空间，称为定义性声明，它既是声明又是定义；一种不需要分配空间，它用来说明函数中将要使用该函数以外已经定义的变量的性质，称为引用性声明。通常，前者为定义，后者为声明。对于函数，定义只有一次，而声明可以有多次。函数的声明可以出现在调用它的所有主调函数中，变量亦是如此。

内部变量定义和声明的含义相同，定义就是声明。全局变量定义和声明的含义是不同的。全局变量的定义在函数的外部，使用则在函数的内部。全局变量应该在使用前声明，C语言中采用 extern 说明符来声明全局变量。全局变量的声明可以在函数的内部，也可以在函数的外部，声明的一般形式为：

extern 类型 变量名;

例如：

```
extern int a;
```

在全局变量的作用域（即从定义位置开始到文件的结束）可以省略对全局变量的声明，直接使用。

在下面两种情况下，必须通过声明来扩展全局变量的作用域：

（1）在同一个程序文件中，定义在后、使用在前的全局变量，在使用前需要对其进行声明；

（2）在不同的程序文件中（但同属一个程序），使用其他程序文件中定义的全局变量（非静态全局变量）。

例如：

```
/*file1.c*/
extern  int func();          /*声明函数 func() */
int x=0;
main()
{
  func();
  ......
}
/*file2.c*/
extern int x;
int func()
{
  x+=3;
  ......
}
```

在 file1.c 中定义全局变量 x，在 file2.c 中对 file1.c 中定义的全局变量进行声明。在 file1.c 程序运行中调用 file2.c 中的函数 func（）对 x 进行赋值。

# 8.6　内部函数和外部函数

一个 C 程序可以包含多个函数，这些函数可能分布在多个程序文件中。函数的定义是独立的，而函数之间存在着调用关系。函数可被它所在程序中的其他函数所调用，也可以指定不能被其他程序文件中的函数调用。根据函数能否被其他源文件中的函数调用，可将函数分为内部函数和外部函数。

## 8.6.1　内部函数

内部函数也称为静态函数，只能被本程序文件中的函数调用，其定义格式为：

static  类型标识符  函数名（形式参数表列）
{
　声明部分；
　执行部分；
}

其他程序文件的函数不能调用内部函数。

## 8.6.2 外部函数

外部函数是可以被程序中其他程序文件所调用的函数，其定义格式为：

extern 类型标识符 函数名（形式参数表列）

{

　　声明部分;

　　执行部分;

}

外部函数是 C 语言默认的函数类型，若没有特别地声明为 extern 类型，系统会默认为是外部函数。

【例 8.20】 用外部函数调用实现，输入一个字符后输出其后继字符。

**解题思路**：输入一个字符，对该字符进行转换得到它的后继字符，再将结果输出。定义函数 get_ch（）完成字符转换的功能，按题目要求把主函数 main（）和函数 get_ch（）分别放在两个文件中，由 main（）调用 get_ch（）实现字符转换。

源程序如下：

```
/*file1.c*/
#include <stdio.h>
main()
{
 extern char get_ch();
 printf("please input a character:");
 printf("next character is :/c\n",get_ch());
}
/*file2.c*/
char get_ch()
{
 char ch;
 ch=getchar();
 ch=(ch+1)%256;
 return (ch);
}
```

程序运行结果：

```
please input a character: a
next character is: b
请按任意键继续. . .
```

该程序由两个程序文件 file1.c 和 file2.c 组成，file2.c 中定义的函数 get_ch（）是一个外部函数，其功能是返回输入字符的后继字符；file1.c 中定义了函数 main（）并对 file2.c 中定义的函数进行声明。

**注意**

该程序由两个程序文件构成，在运行时需要使用工程文件。新建一个工程文件，扩展名为.prj，将以上两个文件同时添加到工程文件中，保存工程文件，再编译、连接、运行即可。

**说明**

（1）若要调用其他程序文件中定义的函数，必须先对其进行声明，其声明格式为：
exter 外部函数原型；

（2）对于存储类型为static类型的函数，只能被其所在的程序文件中的函数调用，其他程序文件不能使用它。在其他程序文件中声明或调用已定义为static存储类型的函数会发生错误。使用内部函数，可以限定函数的作用域，即使在不同的程序文件中使用同名的内部函数，也不会相互干扰。内部函数的这个特点便于不同的用户分别编写不同的函数，而不用考虑重名问题。

# 8.7 程序举例

**【例8.21】** 通过函数调用的方式复制字符串。

**解题思路**：在主函数main（）中定义两个字符数组str1和str2，输入第1个字符串存入str1；调用函数copy（）将第1个字符串复制到第2个字符串str2，将第2个字符串输出。数组名作为实参传递给形参，实现地址传递过程。

源程序如下：

```c
#include <stdio.h>
void copy(char a[],char b[])
{
  int i;
  for(i=0;a[i]!='\0';i++)
    b[i]=a[i];
  b[i]='\0';
}
main()
{
  char str1[81],str2[81];
  printf("please input the string1:");
  gets(str1);
  copy(str1,str2);
  printf("after copy the string2 is:");
  puts(str2);
}
```

程序运行结果：

```
please input the string1: Welcome to China!
after copy the string2 is: Welcome to China!
请按任意键继续. . .
```

【例 8.22】 通过函数调用的方式比较字符串。

**解题思路：** 在主函数 main（）中定义两个字符数组 a 和 b，并分别输入两个字符串存入 a 和 b 中；调用函数 compare（）对两个字符串进行比较。数组名作为实参传递给形参，实现地址传递过程，比较结果作为函数返回值带回到主函数中，由 n 接收。主函数根据 n 值得到两个字符串的比较结果并输出。

源程序如下：

```c
#include <stdio.h>
int compare(char *p1,char *p2)
{
  int i=0,m;
  while(*p1!='\0'&&*p2!='\0')
  {
    if(*p1!=*p2)
    {
      m=*p1-*p2;
      return m;
    }
    p1++;
    p2++;
  }
  m=*p1-*p2;
  return m;
}
main()
{
  char a[81],b[81];
  int n;
  printf("please input the string a:");
  gets(a);
  printf("please input the string b:");
  gets(b);
  n=compare(a,b);
  printf("after compare the result is:");
  if(n>0) printf("a>b");
  else if(n==0)  printf("a=b");
```

```
          else  printf("a<b");
}
```

程序运行结果：

```
please input the string a: abcde
please input the string b: abdef
after compare the result is: a<b
请按任意键继续. . .
```

【例8.23】 通过函数调用的方式将一个 n×m 矩阵按行逆置。

**解题思路：**在主函数 main（）中定义一个二维数组 a，利用双重循环输入矩阵的值，再调用函数 inverse（）将矩阵逆置，最后将逆置后的矩阵输出。二维数组名作为实参传递给形参，实现地址传递过程。

源程序如下：

```
#include<stdio.h>
#define N 3
#define M 4
void inverse(int a[][M])
{
  int i,j,k,t;
  for(k=0;k<N;k++)
  {
    i=0;j=M-1;
    while(i<j)
    {
      t=a[k][i];a[k][i]=a[k][j];a[k][j]=t;
      i++;j--;
    }
  }
}
main()
{
  int a[N][M],i,j;
  printf("please input %d*%d matrix:\n",N,M);
  for(i=0;i<N;i++)
    for(j=0;j<M;j++)
      scanf("%d",a[i]+j);
  inverse(a);
  printf("after inverse the matrix is:\n");
  for(i=0;i<N;i++)
  {
```

```
    for(j=0;j<M;j++)
      printf("%5d",a[i][j]);
    printf("\n");
  }
}
```

程序运行结果：

```
please input 3*4 matrix:
1 2 3 4
5 6 7 8
9 10 11 12
after inverse the matrix is:
    4    3    2    1
    8    7    6    5
   12   11   10    9
请按任意键继续. . .
```

【例 8.24】 已知一个完成升序排序的数组，输入一个数，按原来排序的规律将它插入到数组中。

解题思路：根据题意，在有序数组中插入数据使数组仍然有序，需要先找到待插入数据的位置，并将比它大的元素从后往前依次往后移动 1 位，在对应的位置放入待插入数据即可。插入功能在被调函数 insertx（）中完成，数组名作为实参传递给形参，实现地址传递。数组中元素的个数及待插入元素的值作为实参传递给形参，实现普通变量的值传递。

源程序如下：

```
#include <stdio.h>
void insertx(int a[],int n,int x)
{
  int j;
  for(j=n-1;j>=0&&x<a[j];j--)
    a[j+1]=a[j];
  a[j+1]=x;
}
#define N 5
main()
{
  int a[N+1]={34,45,56,78,89},i,x;
  printf("please input an integer number:");
  scanf("%d",&x);
  insertx(a,N,x);
  printf("after insert the list is:\n");
  for(i=0;i<=N;i++)
    printf("%5d",a[i]);
  printf("\n");
}
```

程序运行结果：

```
please input an integer number: 50
after insert the list is:
    34    45    50    56    78    89
请按任意键继续. . .
```

【例 8.25】　求斐波纳契（Fibonacci）数列的前 20 个数。Fibonacci 数列有如下特点：第 1、2 两个数为 1，1。从第 3 个数开始，每个数是其前两个数之和。

$$\begin{cases} F_1=1 & (n=1) \\ F_2=1 & (n=2) \\ F_n=F_{n-1}+F_{n-2} & (n \geqslant 3) \end{cases}$$

**解题思路：** 由公式可以看出，第 n 个数是前两个数的和，这就是递归方式。而当 n=1 和 n=2 时，第 n 个数就是 1，这就是递归结束条件。

源程序如下：

```c
#include <stdio.h>
int fib(int n)
{
  if(n==1||n==2)
    return 1;
  else
    return (fib(n-1)+fib(n-2));
}
main()
{
  int i;
  for(i=1;i<=20;i++)
  {
    printf("%6d",fib(i));
    if(i%4==0) printf("\n");
  }
}
```

程序运行结果：

```
     1     1     2     3
     5     8    13    21
    34    55    89   144
   233   377   610   987
  1597  2584  4181  6765
请按任意键继续. . .
```

【例 8.26】　通过函数调用的方式任意输入 10 个数，使用冒泡排序算法按升序排序输出。

**解题思路：** 先从下标为 0 的元素开始，将相邻的两个元素进行比较，若逆序，则交换两个元素的值；反复执行 9 次，将最大数存入 a[9]；对前 9 个元素进行同样的操作，反复执行 8 次，将最大数存入 a[8]……，每比较一轮，找出一个未经排序的数中最大的一个，共比较 9 轮。

源程序如下：

```
#include <stdio.h>
main()
{
  int a[10],i;
  void bubblesort(int a[],int n);
  printf("input 10 numbers:\n");
  for(i=0;i<10;i++)
    scanf("%d",&a[i]);
  bubblesort(a,10);
  printf("the sorted numbers:\n");
  for(i=0;i<10;i++)
    printf("%5d",a[i]);
}
void bubblesort(int a[],int n)
{
  int i,j,t;
  for(i=0;i<n-1;i++)
    for(j=0;j<n-i-1;j++)
      if(a[j]>a[j+1])
      {
        t=a[j];a[j]=a[j+1];a[j+1]=t;
      }
}
```

程序运行结果：

```
input 10 numbers:
5 3 8 9 4 6 7 1 10 2
the sorted numbers:
    1    2    3    4    5    6    7    8    9   10
请按任意键继续. . .
```

【例8.27】 通过函数调用的方式任意输入10个数，使用选择排序算法按升序排序输出。

**解题思路：**先将10个数中最小的数与a[0]交换，再将a[1]～a[9]中最小的数与a[1]交换……，每比较一轮，找出一个未经排序的数中最小的一个，共比较9轮。

在主函数main()定义一维数组并输入待排序的数据，利用选择排序算法完成排序过程，最后将排序后的结果输出。输入数据的过程由函数input()完成，选择排序的过程由函数selectsort()完成，输出数据的过程由函数output()完成。

源程序如下：

```
#include <stdio.h>
void input(int a[],int n)
{
```

```
    int i;
    printf("input %d numbers:\n",n);
    for(i=0;i<n;i++)
      scanf("%d",&a[i]);
}
void selectsort(int a[],int n)
{
    int i,j,t,k;
    for(i=0;i<n-1;i++)
    {
      k=i;
      for(j=i+1;j<n;j++)
        if(a[k]>a[j]) k=j;
      if(k!=i)
      {
        t=a[i];a[i]=a[k];a[k]=t;
      }
    }
}
void print(int a[],int n)
{
    int i;
    printf("the sorted numbers:\n");
    for(i=0;i<n;i++)
      printf("%5d",a[i]);
    printf("\n");
}
#define N 10
main()
{
    int a[N];
    input(a,N);
    selectsort(a,N);
    print(a,N);
}
```

程序运行结果：

```
input 10 numbers:
5 3 8 9 4 6 7 1 10 2
the sorted numbers:
    1    2    3    4    5    6    7    8    9   10
请按任意键继续. . .
```

# 习题

## 一、选择题

1. 以下对 C 语言中函数的描述中，不正确的是（　　　）。
   - A．C 语言中，函数可以嵌套定义　　　B．C 语言中，函数可以递归调用
   - C．C 语言中，函数可以无返回值　　　D．C 语言程序由函数组成

2. （　　　）可以不进行函数类型声明。
   - A．被调用函数的返回值是整型或字符型时
   - B．被调用函数的定义在主调函数定义之前时
   - C．在所有函数定义前，已在函数外预先声明了被调用函数类型时
   - D．以上都是

3. 以下关于函数调用的描述错误的是（　　　）。
   - A．函数调用可以出现在执行语句中
   - B．函数调用可以出现在一个表达式中
   - C．函数调用可以作为一个函数的实参
   - D．函数调用可以作为一个函数的形参

4. 数组名作为函数调用的实参，传递给形参的是（　　　）。
   - A．数组首地址　　　　　　　　　　B．数组的第一个元素值
   - C．数组中全部元素的值　　　　　　D．数组元素的个数

5. C 语言允许函数值类型的缺省定义，此时该函数值隐含的类型是（　　　）。
   - A．float　　　　B．int　　　　C．long　　　　D．double

6. 在 C 语言中，只有在使用时才占用内存单元的变量，其存储类型是（　　　）。
   - A．auto 和 register　　　　　　　B．extern 和 register
   - C．auto 和 static　　　　　　　　D．static 和 register

7. 设函数 fun（）的定义形式为如下：

```
void fun(char ch,float x) {…}
```

则以下对函数 fun（）的调用语句中，正确的是（　　　）。
   - A．fun（"abc"，3.0）；　　　　　B．t = fun（'D'，16.5）；
   - C．fun（'65'，2.8）；　　　　　　D．fun（32，32）；

## 二、写出以下程序的运行结果

1. 若输入：5，6✓
   则下面程序的运行结果是＿＿＿＿＿＿＿＿。

```
#include <stdio.h>
void star(int n)
{
  int i;
  for(i=1;i<=n;i++)
    printf("*");
  printf("\n");
```

```
}
void fun(int x,int y)
{
  star(x);
  star(y);
}
main()
{
  int n1,n2;
  scanf("%d,%d",&n1,&n2);
  fun(n1,n2);
}
```

2. 下面程序的运行结果是_____。

```
#include <stdio.h>
void swap(int x,int y)
{
  int z;
  z=x;x=y;y=z;
  printf("x=%d,y=%d\n",x,y);
}
main()
{
  int a=3,b=4;
  swap(a,b);
  printf("a=%d,b=%d\n",a,b);
}
```

3. 下面程序的运行结果是_____。

```
#include <stdio.h>
void fun(int a,int b,int c)
{
  c=a*a+b*b;
}
int main()
{
  int x=22;
  fun(4,2,x);
  printf("%d",x);
  return 0;
```

```
}
```

4. 下面程序的运行结果是＿＿＿＿＿＿＿＿＿＿＿＿。

```c
#include <stdio.h>
void swap(int c0[],int c1[])
{
  int t;
  t=c0[0];c0[0]=c1[0];c1[0]=t;
}
main()
{
  int a[2]={3,4};
  swap(a,a+1);
  printf("%d %d ",a[0],a[1]);
}
```

5. 下面程序的运行结果是＿＿＿＿＿＿＿＿＿＿＿＿。

```c
#include <stdio.h>
int d=1;
void fun(int p)
{
  int d=5;
  d+=p++;
  printf("%d",d);
}
main()
{
  int a=3;
  fun(a);
  d+=a++;
  printf("%d",d);
}
```

6. 下面程序的运行结果是＿＿＿＿＿＿＿＿＿＿＿＿。

```c
#include <stdio.h>
void fun(int c)
{
  int a=0;
  static int b=0;
  a++;
```

```
    b++;
    printf("%d: a=%d,b=%d\n",c,a,b);
  }
main()
{
  int i;
  for(i=1;i<=3;i++)
    fun(i);
}
```

7. 下面程序的运行结果是_____。

```
#include <stdio.h>
void fun(float *a,float *b)
{
  float w;
  *a=*a+*a;
  w=*a;
  *a=*b;
  *b=w;
}
main()
{
  float x=2.0,y=3.0;
  float *px=&x,*py=&y;
  fun(px,py);
  printf("%2.0f,%2.0f\n",x,y);
}
```

8. 下面程序的运行结果是_____。

```
#include <stdio.h>
int fun(int x)
{
  int y;
  if(x==0||x==1) return (3);
  y=x*x-fun(x-2);
  return (y);
}
int main()
{
  int z;
```

```
    z=fun(3);
    printf("%d\n",z);
    return 0;
}
```

9. 下面程序的运行结果是 _____。

```c
#include <stdio.h>
int f1(int x,int y)
{
  return (x>y?x:y);
}
int f2(int x,int y)
{
  return (x>y?y:x);
}
int main()
{
  int a=4,b=3,c=5,d=2,e,f,g;
  e=f2(f1(a,b),f1(c,d));
  f=f1(f2(a,b),f2(c,d));
  g=a+b+c+d-e-f;
  printf("%d,%d,%d\n",e,f,g);
  return 0;
}
```

**三、编写程序，通过函数调用的方式实现以下功能**

1. 求 $x^y$。

2. 将一个 n×n 阶矩阵转置。

3. 统计一个字符串中各个数字字符出现的次数。

4. 将一个十进制数转换成一个 r 进制数（r＝2～9）。

5. 打印 100 以内的所有素数。

6. 编写函数计算 k！/（m－k)!的值。

7. 从键盘上输入 4 个字符串，对其进行排序输出。

8. 把从键盘上输入的字符串逆置（inverse）存放并输出。

9. 输入一个字符串存入数组 a，对字符串中的每个字符用加 3 的方法加密并存入数组 b，再对 b 中的字符解密存入数组 c，最后依次输出数组 a、b、c 中的字符串。

10. 判断一个日期是该年度的第几天。

11. 通过函数递归调用方式将一个正整数 n 转换成字符串，例如输入"12345"，输出字符串"1 2 3 4 5"。n 的位数不确定，可以是任意位数的正整数。

# 第9章

## 结构体、共用体与枚举类型

C 语言定义的数据类型有固定的类型说明符、数据长度、数据组织和存储形式，程序设计者可在程序中直接用它们来定义数据对象。在实际的应用中这些数据类型是不够的，人们常需要定义新的数据类型来满足问题求解的需要。为满足这类问题的需要，C 语言允许用户自定义数据类型，并用它们来定义与之相关的对象，把关系密切的多种不同类型的数据组成一个整体，用一种构造复杂的数据类型来描述它。

## 9.1 结 构 体

结构体是一种构造而成的数据类型（即自定义数据类型），在说明和使用之前必须先定义（构造）它，其用途是把不同类型的数据组合成一个整体。

### 9.1.1 结构体的一般形式

在实际问题中，一组数据往往具有不同的数据类型。例如，在学生登记表中，姓名为字符型，学号为整型或字符型，年龄为整型，性别为字符型，成绩为整型或实型。由于数组中各元素的类型和长度必须一致，为了便于编译系统处理，不能用数组来存放这一组数据。为了解决这个问题，C 语言中给出了另一种构造数据类型——结构体。结构体是由若干成员组成的。每一个成员可以是一个基本数据类型，也可以是一个构造数据类型，相当于其他高级语言中的记录。

定义一个结构体类型的一般形式为：

struct 结构体名

{

    成员说明表列；

};

其中，struct 是关键字，作为定义结构体数据类型的标志；结构体名由用户自行定义；花括号"{}"内是结构体的成员表列，说明结构体所包含的成员及其数据类型。

注意

（1）struct 是定义结构体类型的关键字，结构体名由程序设计者按 C 语言标识符命名规则指定；

（2）成员说明表列由若干个成员组成，每个成员是该结构体的一个组成部分，必须作类型说明。

（3）最后一个花括号外的分号 ":" 不能省略，否则将引起编译错误。

（4）结构体成员名的命名应符合标识符的书写规定，例如：

```
struct stu
{
  int num;
  char name[20];
  char sex;
  float score;
};
```

在这个结构体定义中，结构体名为 stu。该结构体由 4 个成员组成，分别为整型变量 num，字符数组 name，字符变量 sex 和实型变量 score。结构体定义之后，即可进行变量说明。凡说明为结构体 stu 类型的变量都由上述 4 个成员组成。

## 9.1.2　定义结构体变量

结构体定义之后，即可进行变量定义。定义结构体类型变量有以下 3 种方法。

（1）先声明结构体类型，再定义变量，例如：

```
struct  student
{
  int num;
  char name[20];
  char sex;
  int age;
  float score;
  char addr[30];
};
struct student stu1,stu2;
```

struct  student 是结构体类型名，而 stu1 和 stu2 是结构体变量名。由于使用相同的 struct student 类型定义的变量，这两个变量具有相同的结构。

为了使规模较大的程序便于修改和使用，常常将结构体类型的声明放在一个头文件中。在其他源文件中需要使用该结构体类型时，可以用#include 命令将该头文件包含到源文件中。

（2）在声明结构体类型的同时定义变量，其定义形式为：

**struct 结构体名**

**{**

　　**成员列表;**

**}变量名列表;**

在一般形式中将定义的变量名称放在声明结构体的末尾处，定义的变量可以多个。

```
struct student
{
  int num;
  char name[20];
  char sex;
  int age;
  float score;
  char addr[30];
 }stu1,stu2;
```

这种定义变量的方式与第 1 种方式相同，即定义了两个 struct student 类型的变量 stu1 和 stu2。

（3）不包含结构体类型名，直接定义结构体类型变量，例如：

```
struct
{
  int num;
  char name[20];
  char sex;
  int age;
  float score;
  char address[20];
}student1,student2;
```

这种方法一般适合一次性使用指定变量，不适合重复说明。结构体中的成员可以单独使用，作用相当于普通变量。成员名可以和程序中的变量名相同，互不影响。

> **注意**
>
> （1）结构体类型与结构体变量是不同的概念。定义一个结构体类型，系统并不分配内存单元存放成员说明表列中说明的各数据项成员，只有在声明该结构体变量后，才分配存储单元。
>
> （2）结构体变量中的成员可以单独使用，作用、地位与普通变量相同。
>
> （3）结构体成员名与程序中变量名可重名，两者不代表同一对象。例如，在程序中声明一个变量 num，它与 struct student 类型变量中的 num 是不同的。

## 9.1.3　引用结构体变量

在 ANSI C 中除了允许具有相同类型的结构体变量相互赋值外，一般对结构体变量的使用，包括赋值、输入、输出、运算等都是通过结构体变量的成员来实现的。

利用结构体变量名引用其成员的一般形式为：

**结构体变量名.成员名**

例如，student1.num 表示引用结构体变量 student1 中的 num 成员，该成员的类型为 int，可以对它进行 int 型变量的运算。

如果一个结构体类型中嵌套了结构体类型，则访问一个成员时，应采取逐级访问的方法，直到得到所需访问的成员为止。

对结构体变量的成员进行各种有关的运算时，允许运算的种类与相同类型的简单变量的类型相同。

结构体变量和其他变量一样，可以在声明变量的同时进行初始化。在初始化时，按照所定义的结构体类型的数据结构，依次写出各初始值，在编译时将其赋给给此变量中的成员。

【**例 9.1**】　利用结构体类型变量存储学生信息。

```c
#include <stdio.h>
//定义结构体变量stu
struct stu
{
  int num;
  char name [20];
  char sex;
  float score;
   char addr[40];
};
//初始化结构体变量
struct stu stu1={1002,"wangqiang",'M',80.5,"Changjiang Road"};
main()
{
  //输出结构体变量的值
  printf("No:%ld\nName:%s\nSex:%c\n",stu1.num,stu1.name, stu1.sex);
  printf("Score:%f\nAddress:%s\n",stu1.score,stu1.addr);
}
```

程序运行结果：

```
No:1002
Name:wangqiang
Sex:M
Score:80.500000
Address:Changjiang Road
请按任意键继续. . .
```

## 9.1.4　定义结构体数组

元素为结构体类型的数组称为结构体数组，结构体数组的每一个元素都是具有相同类型的结构体变量。在实际应用中，经常用结构体数组来表示具有相同数据结构的群体，如一个学生的序号、年龄、性别等。当有 20 个学生的信息需要存储，可以采用结构体数组。结构体数组的定义方法与结构体变量相同。

（1）先定义结构体类型，后定义结构体数组，例如：

```
struct student
{
  int  num;
  char name[20];
  char sex;
  int age;
};
struct student stu[20];
```

（2）在定义结构体类型的同时定义结构体数组，例如：

```
struct student
{
  int num;
  char name[20];
  char sex;
  int age;
}stu[20];
```

（3）直接定义结构体数组，例如：

```
struct
{
  int  num;
  char name[20];
  char sex;
  int age;
}stu[20];
```

【例 9.2】　使用结构体数组建立学生通讯录。

```
#include <stdio.h>
#define NUM 4          //定义常量 NUM
//定义结构体数组 students
struct students
```

```
{
  char name[20];
  char phone[10];
};
int main()
{
  struct students people[NUM];
  int i;
  //使用 for 循环,为结构体变量赋值
  for(i=0;i<NUM;i++)
  {
    printf("input name:");
    scanf("%s",people[i].name);
    printf("input telephone:");
    scanf("%s",people[i].phone);
  }
  printf("name\t\tphone\n");
  //使用 for 循环,输出结构体变量的值
  for(i=0;i<NUM;i++)
  printf("%s\t\t%s\n",people[i].name,people[i].phone);
  return 0;
}
```

程序运行结果:

```
input name:zhangsa
input telephone:62076301
input name:liwei
input telephone:62076302
input name:wangqi
input telephone:62076303
input name:zhaohai
input telephone:62076304
name           phone
zhangsa        62076301
liwei          62076302
wangqi         62076303
zhaohai        62076304
请按任意键继续. . .
```

## 9.1.5 指向结构体变量的指针

一个结构体变量在内存中占用一段连续的内存空间。当用一个指针变量指向某个结构体变量时,该指针变量称为结构体指针变量,它的值是其所指向的结构体变量的首地址。

结构指针变量说明的一般形式为:

struct 结构体名 *结构体指针变量名；

例如，在前面的例题中定义了结构体 stu，如要说明一个指向 stu 的指针变量 pstu，可写为：

struct stu *pstu；

当然也可在定义 stu 结构的同时说明 pstu。结构体指针变量也必须在赋值后才能使用。

结构体名和结构体变量是两个不同的概念，不能混淆。结构体名只能表示一个结构体形式，编译系统并不为它分配内存空间。只有当某个变量被说明为这种类型的结构体时，才为该变量分配存储空间。利用结构体指针变量，可以更方便地访问结构变量的各个成员。

其访问的一般形式为：

(*结构指针变量). 成员名

或为：

结构指针变量 -> 成员名

例如：

```
(*pstu).num
```

或者：

```
pstu->num
```

**注意**

(1)"(*pstu) .num"中的圆括号是必须的，因为运算符"*"的优先级低于运算符"."。如果去掉括号写作*pstu.num 则等效于*（pstu.num），意义就完全不同了。

(2) 习惯采用运算符"->"来访问结构体变量的各个成员。

【例 9.3】 使用结构体指针变量建立学生通讯录。

源程序如下：

```
#include <stdio.h>
//定义结构体变量 st
struct st
{
  int num;
  char *name;
  char sex;
  float score;
}st1={10004,"Zhang Ying",'F',88.5},*p1;        //为结构体变量 st1 赋初值
//利用结构体指针变量输出 st1 存储的内容
main()
{
  p1=&st1;
  printf("Number=%d\nName=%s\n",st1.num,st1.name);
  printf("Sex=%c\nScore=%f\n\n",st1.sex,st1.score);
```

```
    printf("Number=%d\nName=%s\n",(*p1).num,(*p1).name);
    printf("Sex=%c\nScore=%f\n\n",(*p1).sex,(*p1).score);
    printf("Number=%d\nName=%s\n",p1->num,p1->name);
    printf("Sex=%c\nScore=%f\n\n",p1->sex,p1->score);
    return 0;
}
```

程序运行结果：

```
Number=10004
Name=Zhang Ying
Sex=F
Score=88.500000

Number=10004
Name=Zhang Ying
Sex=F
Score=88.500000

Number=10004
Name=Zhang Ying
Sex=F
Score=88.500000

请按任意键继续. . .
```

## 9.1.6　结构体变量作为函数参数

结构体变量作为函数参数的用法与普通变量类似，都需要保证主调函数的实参类型和被调函数的形参类型相同。

【例9.4】　用结构体变量作为函数参数，输出学生信息。

```
#include <stdio.h>
//定义结构体变量 student
struct Student
{
    char name[50];
    int studentID;
};
//定义函数 printInfo(),参数为结构体类型
void printInfo(struct Student stu)
{
    printf("name: %s\n",stu.name);
    printf("id: %d\n",stu.studentID);
}
main()
{
```

```
    struct Student student={"Zhang San",1};    //为结构体变量赋初值
    printInfo(student);
}
```

程序运行结果：

```
name: Zhang San
id: 1
请按任意键继续.....
```

在上例中定义了一个用于输出数据的函数 printInf（），该函数接收结构体类型的参数。从代码第 15 行可以看出，结构体变量作为参数的传递方式与普通变量相同。

## 9.1.7　结构体指针作为函数参数

在 ANSI C 标准中允许用结构体变量作为函数参数进行整体传送，但是这种传送要将全部成员逐个传送，传送的时间和空间开销很大，降低了程序的执行效率。使用指针变量作为函数参数进行传送时，由实参传向形参的只是地址，可以减少时间和空间的开销。

【例 9.5】　用结构体指针作为函数参数，存取学生信息。

源程序如下：

```
#include <stdio.h>
struct Student
{
  char name[50];
  int studentID;
};
void printInfo(struct Student *stu)
{
  printf("name: %s\n",stu->name);
  printf("id: %d\n\n",stu->studentID);
}
main()
{
  struct Student student={"Zhang San",1};
  printInfo(&student);
}
```

程序运行结果：

```
name: Zhang San
id: 1

请按任意键继续.....
```

在上例中定义了一个用于输出数据的函数 printInf（），该函数接收结构体指针类型的参数，此时传递的是结构体变量的首地址，因此代码第 15 行中通过"&"获取结构体变量 student 的首地址，将其作为参数传递给函数 printInf（）。

# 9.2 共 用 体

在 C 语言中，还有另外一种和结构体类似的语法，称为共用体，它的定义格式为：

union 共用体名
{
　　类型标识符 成员名；
　　类型标识符 成员名；
　　……
};

共用体也被称为联合或者联合体，这也是 union 的本意。

> **注意**
>
> 　　结构体和共用体的区别在于：结构体的各个成员会占用不同的内存，相互之间没有影响；而共用体的所有成员占用同一段内存，修改一个成员会影响其他成员。

## 9.2.1 定义共用体变量

定义共用体变量的方法与结构体变量类似，主要有 3 种方式。

（1）先定义共用体类型，再定义共用体变量，例如：

```
union data
{
  int i;
  char ch;
  float f;
};
union data a,b,c;
```

（2）在定义共用体类型的同时声明共用体变量，例如：

```
union data
{
  int i;
  char ch;
  float f;
}a,b,c;
```

（3）直接定义共用体类型的变量，例如：

```
union
{
  int i;
  char ch;
  float f;
}a,b,c;
```

**注意**

　　结构体变量和共用体变量占用的内存长度不同。结构体变量占用的内存长度是各成员的内存长度之和，每个成员分别占有独立的内存单元；共用体变量占用的内存长度等于最长的成员的长度。例如，上面声明的共用体变量a、b、c各占4个字节，而不是各占2＋1＋4＝7个字节。共用体变量中的各个成员占用内存中的同一段空间。

## 9.2.2　引用共用体变量

在共用体变量定义的同时，只能为第一个成员类型的值进行初始化。共用体变量初始化的方式如下：

**union 共用体类型名 共用体变量= {第一个成员的类型值};**

例如，下面的语句对 data 类型的共用体变量 a 进行初始化：

```
union data a={8};
```

从上述语法中可以看出，尽管只能给第一个成员赋值，但必须用花括号括起来。完成共同体变量的初始化后即可引用共用体中的成员。

【例 9.6】　定义名为 data 的共用体类型，利用共用体变量共用内存空间的特性，完成共用体变量 a、b、c 数据值的存取。

源程序如下：

```
#include <stdio.h>
main()
{
  //定义共用体变量data
  union data
  {
    int i;
    char ch;
    float f;
  }a,b,c;
  //为共用体变量赋初值
  a.i=8;
```

```
  b=a;
  c=b;
  printf("b.i=%d,c.i=%d\n",b.i,c.i);        //输出共用体变量的值
}
```

程序运行结果：

```
b.i=8,c.i=8
请按任意键继续. . .
```

虽然共用体变量的引用方式与结构体类似，但两者是有区别的，其主要的区别是：在程序执行的任何特定时刻，结构体变量中的所有成员同时驻留在该结构体变量所占用的内存空间中，而共用体变量仅有一个成员驻留在共用体变量所占用的内存空间中。

# 9.3 枚举类型

在实际问题中，有些变量的取值被限定在一个有限的范围内。例如，一个星期有 7 天，一年有 12 个月，一个班每周有 6 门课程等。将这些量定义为整型、字符型或其他类型是不妥当的，为此，C 语言提供了枚举类型。在枚举类型的定义中列举出所有可能的取值，被说明为该枚举类型的变量取值不能超过定义的范围。枚举是一种用于定义一组命名常量的机制，以这种方式定义的常量一般称为枚举常量。

枚举类型的基本形式是：

**enum 枚举类型名 {枚举常量名 1,枚举常量名 2,…};**

例如：

```
enum color {RED,GREEN,BLUE};
```

上面的语句定义了一个枚举名称为 color 的枚举集合，其中的枚举常量分别是 RED、GREEN 和 BLUE。

## 9.3.1 定义枚举类型

一个枚举类型不但在程序中引入了一组常量名，也为每个常量确定了一个整数值。对于上面这种最基本的形式，第一个常量自动赋值为 0，随后的常量值顺序递增，这几个常量的值互不相同。对于枚举类型的基本要求是所用的枚举常量名称不能相同。假如一个程序里有多个枚举类型，它们定义的枚举常量名称也必须互不相同。

枚举类型名称的用途与结构体名称一样，可以用于在程序里定义枚举类型的变量。例如：

```
enum color cr1,cr2;
```

下面是程序里使用上述变量的几个例子。

```
cr1=RED;
cr2=BLUE;
……
```

```
if(cr2==GREEN)…;
……
switch(cr1)
{
  case RED: ……;break;
  case GREEN: ……;break;
  case BLUE: ……;break;
  ……
```

通过枚举方式定义常量名，在效果上与用#define定义符号常量类似。不同之处在于由#define定义的符号常量通过预处理过程中的宏替换实现，在预处理之后程序编译时，程序里已经没有符号常量的任何信息了。而枚举常量是在编译过程中处理的，编译系统能够得到与它们有关的信息。用枚举方式可以方便地一次定义一组常量，使用起来非常方便。

在枚举说明中可以为枚举常量指定特定值，所采用的形式与给变量指定初始值的形式类似。如果为某个枚举量指定了值，跟随其后的没有指定值的枚举常量也将按顺序递增取值，直到下一个指定特殊值的常量处为止。

## 9.3.2  枚举类型变量的赋值和使用

枚举元素（枚举常量）是由程序设计者指定的，命名规则与标识符相同，无固定含义，只是一个符号，程序设计者仅仅是为了提高程序的可读性才使用这些名字。

枚举元素是常量，不能在程序中用赋值语句对其赋值。枚举元素作为常量是有数值的，编译系统按定义时的顺序赋值：0，1，2，…。

```
enum weekday{sun,mon,tue,wed,thu,fri,sat};
```

在weekday中，sun的值为0，mon的值为1，sat的值为6。

```
printf("%d",mon);
```

该语句的输出值是1。但是定义枚举类型时不能写成：

```
enum weekday{0,1,2,3,4,5,6};
```

必须用符号sun、mon或其他标识符。枚举元素不是字符常量也不是字符串常量，使用时不要加单撇号或双撇号。

在定义枚举类型中，通过"="来规定某元素的值，并影响后面的枚举元素的值，后继序号以此递增。同类型的枚举常量可以进行比较运算，枚举类型数据间可以进行赋值运算，但将数据赋值给枚举变量时必须进行强制类型转换。

【例9.7】  用枚举类型判断星期几。

源程序如下：

```
#include <stdio.h>
main()
```

```
{
  enum week{Mon=1,Tues,Wed,Thurs,Fri,Sat,Sun}day;    //定义枚举类型 weet
  scanf("%d",&day);                                    //获取用户输入的数据
  //根据用户的输入返回结果
  switch(day)
  {
    case Mon: puts("Monday"); break;
    case Tues: puts("Tuesday"); break;
    case Wed: puts("Wednesday"); break;
    case Thurs: puts("Thursday"); break;
    case Fri: puts("Friday"); break;
    case Sat: puts("Saturday"); break;
    case Sun: puts("Sunday"); break;
    default: puts("Error!");
  }
  return 0;
}
```

程序运行结果：

```
4
Thursday
请按任意键继续.
```

# 9.4　动态内存分配

分配固定大小的内存分配方法称之为静态内存分配。这种内存分配的方法在大多数情况下会浪费大量的内存空间。在少数情况下，当定义的数组不够大时，可能引起下标越界错误，甚至导致严重后果。C 语言使用动态内存分配来解决这样的问题。

动态内存分配是指在程序执行的过程中动态地分配或者回收存储空间的内存分配方法，由系统根据程序的需要即时分配，且分配的大小符合程序要求的大小。为此需要找到一些能解决此问题的数据结构，其中最常用的就是链表。

## 9.4.1　用于动态存储分配的函数

ANSI C 要求各 C 编译版本提供的标准库函数中应包括动态存储分配的函数，包括 malloc（）、calloc（）、free（）、realloc（）等函数。

### 1. malloc（）函数

函数原型为：

void *malloc（unsigned int size）

作用：在内存动态存储区的自由空间中分配一个长度为 size 的连续空间。

参数：是一个无符号整型数，规定要分配的存储空间字节数。

返回值：指向所分配的连续存储区域的起始地址的指针，若未能成功分配则会返回一个 NULL 指针，即 malloc（）的值为空指针，地址为 0。在调用该函数时应该检测返回值是否为 NULL 并执行相应的操作。

类型：该函数返回值类型为 void 类型指针，不指向任何具体的类型。若想将该返回指针赋值给其他具体类型的指针变量，则需要进行显式的类型转换。

### 2. calloc（）函数

函数原型为：

char *calloc（unsigned int num，unsigned int size）

作用：在内存动态存储区的自由空间中分配连续的 num 个长度为 size 的空间，返回该空间的起始地址。

例如，用 calloc（15，25）可以分配 15 个连续空间，每个空间的大小为 25 个字节，此函数返回值为该空间的首地址。

### 3. free（）函数

函数原型为：

void free（void *p）

作用：释放指针 p 所指向的内存区交给系统以使得该空间能重新分配，参数 p 必须是先前调用 malloc（）或 calloc（）时返回的指针。给 free（）传递其他的值很可能造成死机或其他灾难性的后果。

例如：

```
pt=(long*)malloc(10);
……
free(pt);
```

malloc（）对存储区域进行分配，free（）释放不用的内存区域，这两个函数可以实现对内存区域进行动态分配并进行简单的管理。

### 4. realloc（）函数

函数原型为：

void *realloc（void *p，unsigned int size）

作用：将 p 指向的存储区（由 malloc（）分配的）的大小修改为 size 个字节，从而扩大或缩小原先的分配区。该函数的返回值是一个指针，即新存储区的首地址。

ANSI C 标准要求在使用动态分配函数时包含 stdlib.h 文件，但在目前使用的一些系统中，用的是 malloc.h 而不是在 stdlib.h。有的系统不要求包括任何头文件，使用时需要注意系统的规定。

## 9.4.2　链表

链表是指若干个数据组（每一个数据组称为一个结点）按一定的原则连接起来。这个原则是前一个结点指向下一个结点，只能通过前一个结点才能找到下一个结点。链表一般有一个头指针变量，用来存放一个地址，该地址指向链表的第一个元素。

链表分为单向链表、双向链表、循环链表等，这里只介绍单向链表。单向链表的结点包括两部分：一是用户需要用的实际数据（数据域），二是用来存储下一个结点地址或指向其直接后继的指针（链域，也称指针域）。

例如：

```
struct node
{
  char name[20];
  char phone[10];
  struct node *link;
};
```

这是一个单向链表结构，其中 char name[20]和 char phone[10]是数据域，name[20]是用来存储姓名的字符型数组，phone[10]是用来存储电话的字符型数组，link 是用来存储直接后继的指针。

定义好了链表的数据结构之后，在程序运行的时候就可以在数据域中存储适当的数据，如果有后继结点，则把链域指向其直接后继；如果没有后继结果，则置为 NULL。链表结构示意如图 9-1 所示。

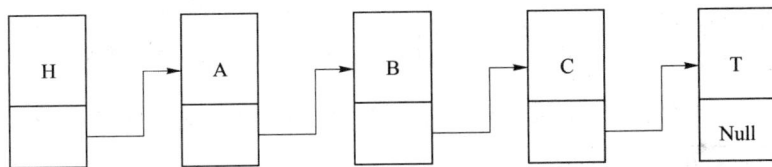

图 9-1　链表结构示意

【例 9.8】　使用链表建立学生通讯录。

源程序如下：

```
#include <stdio.h>
#include <malloc.h>            //包含动态内存分配函数的头文件
#define N 4                    //N 为人数
struct node
{
  char name[20];
  char phone[10];
  struct node *link;
};
struct node *creat( int n )    //建立单链表的函数, n 为人数
{
  struct node *p,*h,*s;
  int i;
```

```
if((h=(struct node *)malloc(sizeof(struct node)))==NULL)
{
  printf("Cannot assignment memory space!");
  exit(0);
}
h->name[0]='\0'; h->phone[0]='\0'; h->link=NULL; p=h;
for(i=0;i<n;i++)
{
  if((s=(struct node *) malloc(sizeof(struct node)))==NULL)
  {
    printf("Cannot assignment memory space!");
    exit(0);
  }
  p->link=s;
  printf("please input[%d] people's name and phone\n",i+1);
  scanf("%s,%s",s->name,s->phone);
  s->link=NULL;
  p=s;
}
return(h);
}
```

这样就建立了一个包含 N 个学生姓名和联系方式的单向链表，编写动态内存分配程序应检测内存分配是否成功。

## 9.4.3　用 typedef 定义类型

　　C 语言不仅提供了丰富的数据类型，还允许用户定义类型说明符，即允许用户为数据类型取别名。类型定义符 typedef 用来完成此功能。用 typedef 定义新的类型名后，使用结构体、共用体、枚举类型定义或说明变量时不必再用类型类别关键字。

### 1. 简单的名称替换

```
typedef int INTEGER;
```

　　该语句将 int 型定义为 INTEGER，在程序中可以用 INTEGER 作为类型名来定义整型变量。
　　例如：

```
INTEGER a,b;
```

　　相当于：

```
int a,b;
```

## 2. 定义一个类型名代表一个结构体类型

```
typedef struct
{
  int month;
  int day;
  int year;
}DATE;
```

该语句定义 DATE 表示上面指定的一个结构体类型。DATE 可以用来说明结构体变量。

## 3. 定义数组

```
typedef char NAME[20];
```

该语句表示 NAME 是字符数组类型，数组长度是 20。NAME 可以用来说明变量。

## 4. 定义指针类型

```
typedef char *STRING;
STRING p,s[10];
```

使用 typedef 定义类型时要注意以下几点：

（1）用 typedef 可以用来声明各种类型名，但不能用来声明变量。

（2）用 typedef 只是对已经存在的类型增加一个类型名（别名），而没有创造新的类型。

（3）typedef 与#define 有相似之处。宏定义是由预处理完成的，而 typedef 是在编译时完成的，后者更为灵活方便。

（4）当不同的源文件用到同一类型数据时，常用 typedef 声明数据类型，把它们单独放在一个文件中，并在需要用到它们的文件中用#include 命令把它们包括进来。

（5）使用 typedef 有利于程序的通用与移植。

# 9.5　程序举例

【例 9.9】　使用结构体，完成学生姓名、学号、年龄、所在小组和成绩信息的存取。

源程序如下：

```
#include <stdio.h>
main()
{
  struct
  {
    char *name;                    //姓名
    int num;                       //学号
    int age;                       //年龄
    char group;                    //所在小组
```

```
    float score;                    //成绩
  }stu1;
  stu1.name="Tom";                  //为结构体成员赋值
  stu1.num=12;
  stu1.age=18;
  stu1.group='A';
  stu1.score=136.5;
  //读取结构体成员的值
  printf("%s 的学号是%d,年龄是%d,在%c 组,今年的成绩是%.1f! \n",
  stu1.name, stu1.num,stu1.age,stu1.group,stu1.score);
}
```

程序运行结果：

```
Tom的学号是12,年龄是18,在A组,今年的成绩是136.5!
请按任意键继续. . .
```

【例9.10】 使用结构体指针，完成学生姓名、学号、年龄、所在小组、成绩信息的存取。

源程序如下：

```
#include <stdio.h>
main()
{
  struct{
  char *name;                       //姓名
  int num;                          //学号
  int age;                          //年龄
  char group;                       //所在小组
  float score;                      //成绩
  }stu1={"Tom",12,18,'A',136.5},*pstu=&stu1;
  printf("%s 的学号是%d,年龄是%d,在%c 组,今年的成绩是%.1f! \n", (*pstu).name,
(*pstu).num,(*pstu).age,(*pstu).group,*pstu).score);
  printf("%s 的学号是%d,年龄是%d,在%c 组,今年的成绩是%.1f! \n",
  pstu->name,pstu->num,pstu->age,pstu->group,pstu->score);
}
```

程序运行结果：

```
Tom的学号是12,年龄是18,在A组,今年的成绩是136.5!
Tom的学号是12,年龄是18,在A组,今年的成绩是136.5!
请按任意键继续. . .
```

# 习题

## 一、选择题

1. 当定义一个结构体变量时，系统为它分配的内存空间是（    ）。

    A．结构中一个成员所需的内存容量

    B．结构中第一个成员所需的内存容量

    C．结构体中占内存容量最大者所需的容量

    D．结构中各成员所需内存容量之和

2. 对于下面的定义，不正确的叙述是（    ）。

```
union data { char c;int i;float f;} a;
```

    A．变量 a 所占内存的长度等于成员 f 的长度

    B．变量 a 的地址与它的各成员的地址相同

    C．可以在定义时对 a 初始化

    D．变量 a 可以作函数的参数

3. 设有定义

```
struct ex{ int x; float y; char z;} example;
```

则下面叙述中不正确的是（    ）。

    A．x、y、z 都是结构体成员名      B．struct 是结构体类型的关键字

    C．example 是结构体类型名      D．struct ex 是结构体类型名

4. 设有定义：

```
struct sk{int a;int b;}data,*p=&data;
```

则 a 的正确引用是（    ）。

    A．（*p）.a     B．（*p）.data.a     C．p-> data.a     D．p.data.a

5. 设有定义：

```
struct complex { int real,unreal;} data1={1,8},data2;
```

则以下赋值语句中错误的是（    ）。

    A．data2.real = data1.real;      B．data2.real = data1.unreal;

    C．data2 = data1;      D．data2 = {2，6};

6. 设有说明：

```
typedef struct { int n; char c; double x;} STD;
```

则以下选项中，能正确定义结构体数组并赋初值的语句是（    ）。

    A．struct tt [ 2 ]={{1，'A'}，{2，'B'}};

    B．struct tt [ 2 ]={{1，"A"，62.5}，{2，"B"，75.0}};

    C．STD tt [ 2 ]={{1，'A'，62}，{2，'B'，75}};

    D．STD tt [ 2 ]={1，"A"，62}，{2，"B"，75}};

7. 设有说明语句：

```
typedef struct { int n; char ch[8] } PER;
```

则下面叙述中正确的是(　　)。
- A. PER 是结构体变量名
- B. PER 是结构体类型名
- C. typedef struct 是结构体类型
- D. struct 是结构体类型名

8. 共用体类型变量在程序执行期间（　　）。
- A. 所有成员一直驻留在结构中
- B. 只有一个成员驻留在结构中
- C. 部分成员驻留在结构中
- D. 没有成员驻留在结构中

9. 下面对枚举类型的叙述，不正确的是（　　）
- A. 定义枚举类型用 enum 开头
- B. 枚举变量可以用来作判断比较
- C. 枚举常量的值是一个常数
- D. 一个整数可以直接赋值给一个枚举变量

## 二、写出下列程序的运行结果

1. 下面程序的运行结果是＿＿＿＿＿＿。

```c
#include <stdio.h>
union un
{
  short int i;
  char c[2];};
main()
{
  union un x;
  x.i=11;
  x.c[0]=10;
  x.c[1]=1;
  printf("%d\n",x.i);
}
```

2. 下面程序的运行结果是＿＿＿＿＿＿。

```c
#include <stdio.h>
main()
{
  enum em{em1=3,em2=1,em3};
  char *aa[]={"AA","BB","CC","DD"};
  printf("%s%s%s\n",aa[em1],aa[em2],aa[em3]);
}
```

## 三、程序设计

1. 使用结构体指针，完成学生姓名、学号、年龄、家庭住址、班级信息的存取。
2. 使用共用体输出题表 9-1 中的内容。

题表 9-1　学生信息

| Name | Num | Sex | Profession | Score / Course |
|---|---|---|---|---|
| HanXiaoxiao | 501 | f | s | 89.5 |
| YanWeimin | 1011 | m | t | math |
| LiuZhentao | 109 | f | t | English |
| ZhaoFeiyan | 982 | m | s | 95.0 |

# 第10章

## 文件系统

C 语言对文件有打开、关闭和删除文件，读取、添加、插入和删除数据等操作。

与其他编程语言相比，C 语言文件操作的接口简单易学。在 C 语言中，为了统一对各种硬件的操作，简化接口，不同的硬件设备被看成一个文件，其操作方法与普通文件的操作方法类似。

## 10.1  文  件

文件是存储信息的载体，如常见的文本文档、源代码文件、图片、视频、音乐等都是文件。在使用文件之前先了解一下文件的基础知识。

在操作系统中，系统把不同的硬件设备看作文件。因此，操作设备可以和操作普通文件统一起来。例如，把显示器设备作为标准输出文件，可以使用函数 printf（）输出，数据就会直接在显示器上显示出来；把键盘作为标准输入文件，函数 scanf（）从这个文件直接读取数据，也就是在键盘上读入数据。

C 语言中常见的设备文件见表 10-1。

表 10-1  C 语言中常见的设备文件

| 文件 | 设备 |
|---|---|
| stdin | 标准输入文件，一般指计算机的键盘 |
| stdout | 标准输出文件，一般指计算机的显示终端 |
| stderr | 标准错误文件，一般指计算机的显示终端 |
| stdprn | 标准打印文件，一般指打印机 |

在 C 语言中通过文件来管理设备。在输入和输出时，不需要指明到底读写哪个文件，系统已经设置好默认的文件。

操作文件的流程为：打开文件，获取文件的有关信息，如文件名、文件状态、当前读写位置等，这些信息会被保存到一个 FILE 类型的结构体变量中。关闭文件就是断开与文件之间的联系，释放结构体变量，同时禁止再对该文件进行操作。

在 C 语言中，文件有多种读写方式，可以读取一个字符，也可以读取一整行，还可以读取若干个字节。文件的读写位置非常灵活，可以从文件开头读取，也可以从中间位置读取。

在 C 语言中，操作文件之前必须先打开文件，使用文件之后要关闭文件。打开文件是在程序和文件之间建立连接，让程序可以直接操作文件，而关闭文件则是断开这种连接并使程序不能操作文件，以免数据出现错误或数据丢失。

打开文件的结果主要是程序可以得到文件的相关信息，如文件大小、文件类型、权限、创建者、更新时间等。在后续读写文件的过程中，程序还可以记录当前读写到了哪个位置，下次可以在此基础上继续操作。

标准输入文件 stdin（表示键盘）、标准输出文件 stdout（表示显示器）、标准错误文件 stderr（表示显示器）是由系统打开的，可直接使用，无需用户手动操作。

## 10.1.1 打开文件

使用 <stdio.h> 头文件中的函数 fopen（）即可打开文件，它的用法为：

FILE *fopen(char *filename, char *mode);
filename 为文件名（包括文件路径），mode 为打开方式，它们都是字符串。

### 1. 函数 fopen（）的返回值

函数 fopen（）的返回值为 FILE 类型的指针。我们可以建立一个 FILE 类型的指针变量来存储 fopen（）的返回值：

```
FILE *fp = fopen ("aaa.txt","r");
```

上面的语句用只读的方式打开文件 aaa.txt，并用 fp 指向该文件，以后就可以直接通过操作 fp 来操作文件。fp 也称文件指针。

当文件打开失败时，fopen（）的返回值为 NULL，由此可以编写程序判断文件打开状态。

【例 10.1】 判断文件是否成功打开。
源程序如下：

```
FILE *fp;
if((fp=fopen("a.txt","r")==NULL)
{
 printf("Fail to open file!\n");
 exit(0);  //退出程序，程序结束
}
```

程序运行结果：

```
Fail to open file!
请按任意键继续. . .
```

函数 fopen（）执行之后的返回值赋值给 fp，通过判断 fp 是否等于 NULL 来判断文件是否打开成功。如果 fp 值不为 NULL，则文件打开成功，if 语句不执行；如果 fp 值为 NULL，则文件打开失败，执行 if 语句，打印失败信息，退出程序。

例 10.1 程序为标准文件操作写法，如果文件没有成功打开，后续所有操作都无法执行，因此用户在打开文件时一定要判断文件是否成功打开。

### 2. 文件打开方式

在打开文件时，需要确定文件的打开方式，基本的文件打开方式见表 10-2。

表 10-2　基本的文件打开方式

| 打开方式 | 说明 |
| --- | --- |
| r | 以只读方式打开文件，只能读取文件的内容，不能写入，文件必须存在 |
| w | 以写入方式打开文件，只允许写操作。若文件不存在，则新建文件；若文件存在，则覆盖写入 |
| a | 以追加方式打开文件，在文件末尾写入数据。若文件不存在，则新建文件；若文件存在，则在文件末尾追加写入（文件原内容保留） |
| r+ | 以读写方式打开文件，文件必须存在，否则打开文件失败 |
| w+ | 相当于 w 和 r+两者叠加，既可读也可写。若文件存在，则清空文件内容写入；若不存在则新建文件 |
| a+ | 相当于 a 和 r+两者叠加，既可读也可写。若文件存在，则在文件末尾追加写入（文件原内容保留）；若不存在则新建文件 |
| t | 以文本文件方式打开文件，若无 t 或 b 则默认为 t |
| b | 以二进制文件方式打开文件 |

注意

在使用时函数 fopen（）必须指明权限，但是读写方式可省略（t，b）。

读写权限和读写方式可以组合使用，一般权限放在前面，读写方式放在后面。

## 10.1.2　关闭文件

文件使用完毕，必须关闭文件，以避免出现数据错误和丢失。

C 语言中使用函数 fclose（）文件关闭。当文件成功关闭，若函数返回值为 0，则说明文件关闭成功；若返回非 0 值，则说明文件关闭发生错误。

fclose 的用法为：

int fclose（File *fp）；

fp 为文件指针，例如：

```
fclose（fp）；
```

# 10.2　以字符形式读写文件

C 语言中读写文件很灵活，每次可以读写一个字符，也可以读写一个字符串，还可以随意字节读写。本节主要介绍以字符形式读写文件。

字符形式读写主要用到两个函数：fgetc（）和 fputc（）

### 1. fgetc( )

fgetc 全称为 file get character，即从文件中读取一个字符，函数定义形式为：

int fgetc（FILE *fp）

fp 为文件指针。函数返回值为 fgetc（）获取到的字符，若读到文件末尾或没有读取成功则返回 EOF（end of file）。EOF 是 stdio 定义的一个宏值，值为"‒1"。fgetc（）的返回值类型定义为 int 而不是 char，就是要容纳这个 EOF。

**注意**

　　EOF 有可能是其他负数，不一定是-1，要看编译器的实现。

fgetc（）的用法如下：

```
char ch;
FILE *fp=fopen("a.txt","r+");
ch=fgetc(fp);
```

上述代码表示从 a.txt 文件读取一个字符，并赋值给变量 ch。

在文件内部有一个专门记录文件读写位置的指针，在 fopen（）打开文件时，该指针指向第一个字节。使用 fgetc（）读取文件后，该指针向后移动一个字节，这样再次调用 fgetc（）就可以继续读取下一个字符了。

**注意**

　　位置指针与 C 语言的普通指针是不同的，位置指针表示当前读写的字符位置，而不表示地址，每读写一次就会移动一个字节，是不需要用户定义和赋值的，对于用户是透明的（隐藏的）。

【例 10.2】　在屏幕上显示文件内容。

```
#include<stdio.h>
int main()
{
  FILE *fp;
  char ch;
  //如果文件不存在，则给出提示并退出
  if((fp=fopen("c:\\abc.txt","rt"))==NULL)
  {
    puts("读取文件失败，退出程序!");
   exit(0);
  }
  //每次读取一个字节，直到读取完毕
  while( (ch=fgetc(fp)) != EOF )
  {
    putchar(ch);
  }
```

```
    putchar('\n');  //输出换行符
    fclose(fp);
    return 0;
}
```

程序运行结果：

```
abcdefg
请按任意键继续. . .
```

在 C 盘创建文件 abc.txt，在文件中输入任意的内容并保存。运行例 10.2 的程序，abc.txt 中的内容显示在屏幕上。

关键代码为：

while（(ch = fgetc（fp)) != EOF)。fgetc（）每次从位置指针读取一个字符并存入变量 ch 中，位置指针移动一个字节。当指针移动到文件末尾时，fgetc（）无法读取时返回 EOF，跳出循环。

### 2. fputc( )

fputc 全称为 file put character，即从文件写入一个字符，函数定义形式为：

int fputc（int ch,FILE *fp）

ch 为要写入的字符，fp 为文件指针。函数返回值为 fputc（）写入的字符，写入失败时返回 EOF。

fgetc（）的用法如下：

```
char ch='a';
fputc(ch,fp);
```

上述代码把字符 ch 写入文件 fp。

> **注意**
>
> 写入文件函数需要在打开文件时用写、读写或追加方式打开，用写和读写的方式向已经存在的文件写入时会清空文件内容，用追加的方式写入直接在文件末尾写入，原文件内容保留。如果文件不存在会自动创建文件。

【例 10.3】 通过键盘输入字符并存入文件。

源代码如下：

```
#include<stdio.h>
int main()
{
    FILE *fp;
    char ch;
    //判断文件是否成功打开
```

```
if((fp=fopen("C:\\abc.txt","wt+"))==NULL)
{
    puts("文件打开失败, 退出! ");
    exit(0);
}
printf("输入一个字符序列:\n");
//每次从键盘读取一个字符并写入文件
while((ch=getchar())!='\n')
{
    fputc(ch,fp);
}
fclose(fp);
return 0;
}
```

程序运行结果:

执行程序，输入字符序列，按"回车键"确定输入。打开 c：\abc.txt 文件，可以看到刚刚输入的内容。

# 10.3　以字符串形式读写文件

函数 fgetc（）和 fputc（）每次向文件写入一个字符，但是实际开发往往要一次写入一个字符串，因此需要用到字符串读写文件函数。

**1. fgets（）**

fgets（）全称为 file get string，即在指定文件读取字符串，它的函数定义为：
char *fgets（char *str, int n, FILE *fp）;

其中，str 为字符数组；n 为整数，代表要读取的字符个数；fp 为文件指针。该函数的返回值为字符数组首地址 str，读取失败和读到文件末尾都会返回 NULL。

> **注意**
>
> C 语言中的字符串以'\0'结尾，所以当 n = 100 时，实际读取 99 个字符和 1 个'\0'，如果需要读取 100 个字符，n 值应为 101，即实际读取的字符数为 n－1。

例如：

```
#define N 101
char str[N];
FILE *fp=fopen("C:\\abc.txt","r");
fgets(str,N,fp);
```

上述语句从 c:\\abc.txt 文件读取 100 个字符，并保存到字符数组 str 中。

**注意**

> 如果在读取 n-1 个字符之前出现了换行，或者已经读取到文件末尾，则读取结束。也就是说，不管 n 多大，函数 fgets（）只能读取一行字符。

【例 10.4】 以每次读取一行的方式读取文件。

源代码如下：

```
#include <stdio.h>
#include <stdlib.h>
#define N 100
int main()
{
  FILE *fp;
  char str[N+1];
  if((fp=fopen("C:\\abc.txt","rt"))==NULL)
  {
    puts("读取文件失败！");
    exit(0);
  }
  while(fgets(str,N,fp)!=NULL)
  {
    printf("%s",str);
  }
  fclose(fp);
  return 0;
}
```

程序运行结果：

i'm new请按任意键继续. . .

将如下内容复制到 c:\abc.txt 文件中。

当函数 fgets（）读取到换行符时会把换行符一起读到字符串中，这样就可以和 abc.txt 文件保持一致，该换行的时候就会换行。

2. fputs（）

fputs（）全称为 file put string，即向指定文件写入一个字符串，一般形式为：

int fputs（char *str，File *fp）;

str 为要写入的字符串，fp 为文件指针。若写入成功则返回值为非负数，若写入失败则返回 EOF。

【例 10.5】 在例 10.4 建立的文件 abc.txt 中追加一行字符串。

源代码如下：

```
#include<stdio.h>
#include<string.h>
int main()
{
  FILE *fp;
  char str[102] = {0}, strTemp[100];
  if((fp=fopen("D:\\demo.txt","at+"))==NULL)
  {
    puts("打开文件失败!");
    exit(0);
  }
  printf("输入一行字符:");
  gets(strTemp);
  strcat(str,"\n");
  strcat(str,strTemp);
  fputs(str,fp);
  fclose(fp);
  return 0;
}
```

运行上述代码会在 abc.txt 文件中追加一行字符。

程序运行结果如图 10-1 所示。

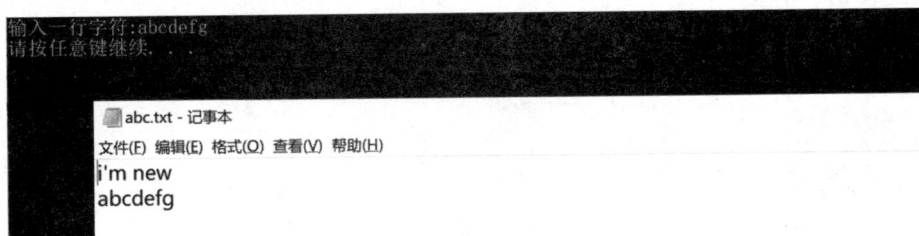

图 10-1 例 10.5 运行结果

## 10.4 以数据块形式读写文件

在 C 语言中，不一定是以字符的形式读写文件。当读写一个数组或一个结构体变量的值时，之前学习的读写方式就不适用了，需要用函数 fread（）和 fwrite（）来实现上述读写。

Windows 操作系统使用函数 fread（）和 fwrite（）时要以二进制的形式打开文件。

函数 fread（）的一般形式为：

fread（buffer, size, count, fp）;

函数 fwrite（）的一般形式为：

fwrite（buffer, size, count, fp）;

其中，buffer 为内存区块的指针，可以是数组、变量、结构体等，fread（）中的 buffer 用于存放读取到的数据，fwrite（）中的 buffer 用于存放要写入的数据；size 表示每个数据块的字节数；count 表示要读写的数据块的块数；fp 表示文件指针。

理论上每次读写 size×count 个字节的数据。

例如：

```
fread(fa,4,5,fp);
```

上述代码表示从 fp 指向的文件中，读取 4 个字节送入 fa 中，连续读取 5 次，共读取 20 个字节。

【例 10.6】 从键盘输入一个数组，将数组写入文件再读取出来。

源代码如下：

```
#include<stdio.h>
#define N 5
int main()
{
  //从键盘输入的数据放入数组 a，从文件读取的数据放入数组 b
  int a[N],b[N];
  int i,size=sizeof(int);
  FILE *fp;
  if((fp=fopen("D:\\shuzu.txt","rb+"))== NULL)
  {
    puts("文件打开失败!");
    exit(0);
  }
  //从键盘输入数据 并保存到数组 a 中
  for(i=0;i<N;i++)
  {
    scanf("%d",&a[i]);
  }
  //将数组 a 的内容写入文件
  fwrite(a,size,N,fp);
  //将文件中的位置指针重新定位到文件开头
  rewind(fp);
  //从文件读取内容并保存到数组 b 中
```

```
fread(b,size,N,fp);
//在屏幕上显示数组b的内容
for(i=0;i<N;i++)
{
  printf("%d ",b[i]);
}
printf("\n");
fclose(fp);
return 0;
}
```

程序运行结果如图 10-2 所示。

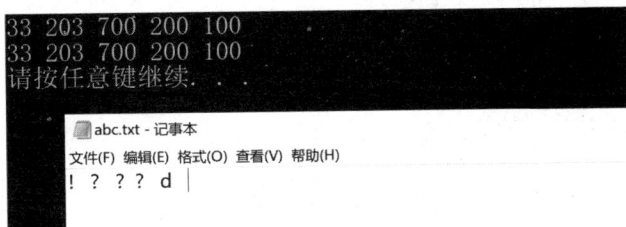

图 10-2    例 10.6 运行结果

打开 d:\shuzu.txt 文件，文件显示乱码。使用 rb + 的方式打开文件，数组以二进制的方式写入文件，一般不能阅读。文件后缀可以是任意的，甚至可以自己编一个，如 shuzu.aaa，但二进制方式读写的后缀处理都是一样的。

# 10.5    格式化读写文件

文件读写要用到函数 fscanf（）和 fprintf（），其一般形式为：

fscanf（FILE *fp, char *format, …）;

fprintf（FILE *fp, char *format, …）;

其中，fp 为文件指针，format 为格式控制字符串，…表示参数列表。与 scanf（）和 printf（）相比，格式化读写文件函数多了一个文件指针参数 fp。fprintf（）写入成功返回写入的字符个数，写入失败返回负数。fscanf（）返回参数列表成功赋值的参数个数。

【例 10.7】    用函数 fscanf（）和 fprintf（）完成信息读写。

源程序如下：

```
#include<stdio.h>
#define N 2
struct stu
{
  char name[10];
  int num;
  int age;
```

```c
    float score;
}
boy[N],girl[N],*pa,*pb;
int main()
{
  FILE *fp;
  int i;
  pa=boy;
  pb=girl;
  if((fp=fopen("D:\\abc.txt","wt+"))==NULL)
  {
    puts("打开文件失败!");
    exit(0);
  }
  //从键盘读入数据，保存到boya
  printf("请输入数据:\n");
  for(i=0;i<N;i++,pa++)
  {
    scanf("%s %d %d %f",pa->name,&pa->num,&pa->age,&pa->score);
  }
  pa=boy;
  //将boya中的数据写入文件
  for(i=0;i<N;i++,pa++)
  {
    fprintf(fp,"%s %d %d %f\n",pa->name,pa->num,pa->age,pa->score);
  }
  //重置文件指针
  rewind(fp);
  //从文件中读取数据，保存到boyb
  for(i=0;i<N;i++,pb++)
  {
    fscanf(fp,"%s %d %d %f\n",pb->name,&pb->num,&pb->age,&pb->score);
  }
  pb=girl;
  //将boyb中的数据输出到显示器
  for(i=0;i<N;i++,pb++)
  {
    printf("%s  %d  %d  %f\n",pb->name,pb->num,pb->age,pb->score);
  }
}
```

程序运行结果：

```
请输入数据：
Tom 2 15 90.5
Lily 1 14 99
Tom  2  15  90.500000
Lily  1  14  99.000000
请按任意键继续. . .
```

打开 d:\abc.txt 文件，文件中会存储刚才输入的信息。

# 10.6　随机读写文件

前面章节介绍的读写文件方式都为顺序读写，也就是只能从头读写文件，依次向后读写数据。但是在实际的开发过程中，可能会经常读写文件的中间部分。要解决这个问题，我们可以先移动文件内部的指针，再进行读写，这种方式即为随机读写。随机读写可以从任意位置开始读写。

**文件定位**

实现随机读写的关键是按需要移动文件指针，这个操作称为文件定位。利用函数 rewind（）和 fseek（）可以移动文件指针。

rewind（）将文本指针移动到文件开头，一般形式为：

rewind（FILE *fp）；

此函数没有返回值。

fseek（）将文件指针移动到任意位置，一般形式为：

```
fseek(FILE *fp ,long offset,int origin);
```

fp 为文件指针；offset 为偏移量类型是长整型，即想要移动的字节数，之所以用 long 是因为尽可能让移动的范围更大，以便处理更大的文件；origin 为起始位置，也就是计算偏移量的起始位置。C 语言中文件移动的起始位置见表 10-3。

表 10-3　文件移动的起始位置

| 起始点 | 常量名称 | 常量值 |
|---|---|---|
| 文件开头 | SEEK_SET | 0 |
| 当前位置 | SEEK_CUR | 1 |
| 文件末尾 | SEEK_END | 2 |

origin 定义为 int 型，即只要提供一个整型值，0 代表文件开头，1 代表当前位置，2 代表文件末尾。为了方便记忆，C 语言中提供的数字常量名称分别为 SEEK_SET、SEEK_CUR、SEEK_END。

例如，要把文件指针移动到距离文件开头 100 个字节的地方，语句为：

```
fseek(fp,100,SEEK_SET);
```

注意

　　文件指针移动函数一般使用二进制方式打开文件。在文本方式中，计算位置可能出现偏差。

　　在文件指针移动好之后就可以进行文件读写了，由于使用二进制方式打开文件，因此常用函数 fread（）和 fwrite（）来读写文件。

【例 10.8】　从键盘输入三组学生信息，保存到文件中，并读出第二组学生的信息。

源程序如下：

```c
#include <stdio.h>
#define N 3
struct stu
{
  char name[10];        //姓名
  int num;              //学号
  int age;              //年龄
  float score;          //成绩
}
boys[N],boy,*pboys;
int main()
{
  FILE *fp;
  int i;
  pboys=boys;
  if((fp=fopen("d:\\abc.txt","wb+"))==NULL)
  {
    printf("Cannot open file,press any key to exit!\n");
    getchar();
    exit(1);
  }
  printf("输入三组学生数据:\n");
  for(i=0; i<N;i++,pboys++)
  {
    scanf("%s%d%d%f",pboys->name,&pboys->num,&pboys->score);
  }
  fwrite(boys,sizeof(struct stu),N,fp);        //写入三条学生信息
  fseek(fp,sizeof(struct stu),SEEK_SET);       //移动位置指针
  fread(&boy, sizeof(struct stu),1,fp);        //读取一条学生信息
  printf("%s%d%d%f\n",boy.name,boy.num,boy.age,boy.score);
  fclose(fp);
```

```
   return 0;
}
```

程序运行结果:

```
输入三组学生数据:
Tom 2 15 90.5
Jerry 1 14 99
Jim 10 16 95.5
Jerry  1  14  99.000000
请按任意键继续. . .
```

# 10.7 程 序 举 例

【例 10.9】  统计英文文本文件中大写字母、小写字母、数字、空格、换行与其他字符的数量。

源程序如下:

```
#define _CRT_SECURE_NO_WARNINGS
#include <stdio.h>
#include <stdlib.h>
int main()
{
  char path[100]="c:\\统计.txt";
  FILE *fp;                    //创建文件指针
  fp=fopen(path,"r");          //以只读的方式打开文件
  if(fp==NULL)
  {
    printf("文件打开失败! \n");
    return 0;
  }
  else
  {
    char ch;
    int countBig=0;            //统计大写字母的个数
    int countSmall=0;          //统计小写字母的个数
    int contNum=0;             //统计数字的个数
    int countEnter=0;          //统计换行的个数
    int countSpace=0;          //统计空格的个数
    int countOther=0;          //统计其他字符的个数
    while((ch=fgetc(fp))!=EOF)  //获取字符,若没有结束就继续
    {
      if(ch>='A'&&ch<='Z')              //判断是否为大写字母
```

```
            countBig++;
        else if(ch>='a'&&ch<='z')          //判断是否为小写字母
            countSmall++;
        else if(ch>='0'&&ch<='9')          //判断是否为数字
            contNum++;
        else if(ch=='\n')                  //判断是否为换行
            countEnter++;
        else if(ch==' ')                   //判断是否为空格
            countSpace++;
        else                               //判断是否为其他字符
            countOther++;
    }
    printf("大写字母:%d,小写字母:%d,数字:%d,换行:%d,空格:%d,其他:%d\n",countBig,
    countSmall, contNum, countEnter, countSpace, countOther);
    }
    fclose(fp);
    system("pause");
}
```

程序运行结果如图 10-3 所示。

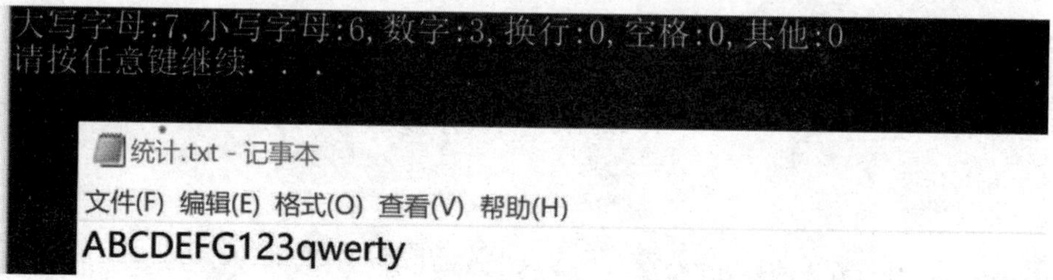

大写字母:7,小写字母:6,数字:3,换行:0,空格:0,其他:0
请按任意键继续. . .

统计.txt - 记事本
文件(F) 编辑(E) 格式(O) 查看(V) 帮助(H)
ABCDEFG123qwerty

图 10-3  例 10.9 运行结果

【例 10.10】  统计文本文件中汉字的个数。GBK 编码标准规定，汉字、日文和韩文的第一个字节大于 128。

解题思路：本程序要计算文件中汉字、英文字符和数字的个数，可以先读取文件的字符，然后判断该字符是否是英文字符。如果不是英文字符则判断是否是数字，如果两者都不是则是双字节字符，记为汉字。最后统计各字符的个数打印输出。

源程序如下：

```
#define _CRT_SECURE_NO_WARNINGS
#include <stdio.h>
#include <stdlib.h>
main()
{
    FILE *fp;                              //空的文件指针
    char path[100]="d:\\1.txt";           //文件路径
```

```
fp=fopen(path,"r");                      //以只读的方式打开文件
if(fp==NULL)
perror("文件打开失败原因是:");            //输出错误原因
int ich;                                 //获取字符，fgetc()的返回值是int
//int,ASCII没有问题，但是汉字会出问题
//int占用4个字节，用int才能存储汉字的编码，而char装不下
int countEng=0;                          //标记英文字符
int countNum=0;                          //标记数字
int countChin=0;                         //标记汉字
while((ich=fgetc(fp))!=EOF)
{
  if((ich>='A'&&ich<='Z')||(ich>='a'&&ich<='z'))
    countEng++;                          //字母自增
  else if(ich>='0'&&ich<='9')
    countNum++;                          //数字自增
  else if(ich>128)                       //判断双字节字符
  {
//此处仅得到双字节，还需要增加判断汉字的代码(GBK编码标准)。此处省略。
    ich=fgetc(fp);                       //继续向前读一个字符
    countChin++;                         //双字符自增
  }
}
printf("英文字符%d,数字%d,双字节字符%d\n",countEng,countNum,countChin);
fclose(fp);
system("pause");
}
```

程序运行结果：

```
英文字符1,数字3,双字节字符9
请按任意键继续. . .
```

【例10.11】 文件的分割与合并。

**解题思路**：通过读取文件的数据，按分割模块的大小，结合文件指针的移动把一个文件分成若干个文件。本例的分割程序将 test.mp4 分割成 test1.mp4 和 test2.mp4。合并程序将test1 和 test2 两个文件合并成 test-all.mp4。

分割的过程为：以二进制的方式打开文件，获取文件的大小，根据分割的块数计算并设置每个模块的大小。每次读取一个模块大小的数据写入分块文件中，最后将文件分割为若干块。

合并的过程为：以二进制方式打开合并的文件并不断地循环获取路径，循环打开被分割的文件并写入合并文件 test-all.mp4 中。

分割文件的源程序如下：

```
#define _CRT_SECURE_NO_WARNINGS
#include <stdio.h>
#include <stdlib.h>
//文件切割
int main()
{
  char path[100]="c:\\1-文件分割与合并";        //文件的路径
  char filename[50]="test.mp4";                //文件名称
  char lastpath[150];                          //存储文件的路径
  sprintf(lastpath,"%s\\%s",path,filename);    //构建文件的路径
  int filesize=0;                              //获取文件的大小
  FILE *fpr=fopen(lastpath,"rb");              //以二进制读入的方式打开文件
  if(fpr==NULL)
  {
    perror("文件打开失败，原因是：");
    return 0;
  }
  fseek(fpr,0,SEEK_END);                       //文件指针移动到末尾
  filesize=ftell(fpr);                         //获取文件指针与开头的字节数
  printf("文件有%d个字节\n", filesize);
  int setsize=1024*1024;                       //设置要分割的模块大小
  int N;                                       //存储一个文件最多可以分割的模块数
  if(filesize%setsize==0)
    N=filesize/setsize;
  else
    N=filesize/setsize+1;
  fseek(fpr,0,SEEK_SET);                       //文件指针移动到开头
  char listpath[100]="c:\\1-文件分割与合并\\list.txt";
  FILE *fplist=fopen(listpath,"w");            //创建list.txt文件
  for(int i=1;i<=N;i++)                        //针对每一块进行处理
  {
    char temppath[120];                        //存储每一块的路径
    sprintf(temppath,"%s\\%d%s",path,i,filename);  //构建每一块的文件名称
    printf("%s\n",temppath);                   //显示路径
    fputs(temppath,fplist);                    //将每一块的路径写入list.txt
    fputc('\n',fplist);                        //写入换行符
    FILE *fpb=fopen(temppath,"wb");            //按照二进制写入的模式打开文件
    if(i<N)
```

```
{
  for(int j=0;j<setsize;j++)                    //前面 N-1 个模块都是完整的
  {
    int ich=fgetc(fpr);                          //读取一个字符
    fputc(ich,fpb);                              //写入一个字符
  }
}
else
{
  for(int j=0;j<filesize-(N-1)*setsize;j++)      //最后一个模块不完整
  {
    int ich=fgetc(fpr);                          //读取一个字符
    fputc(ich,fpb);                              //写入一个字符
  }
}
fclose(fpb);                                     //关闭写入的块文件
}
fclose(fplist);                                  //关闭列表文件
fclose(fpr);                                     //关闭读取的文件
system("pause");
}
```

程序运行结果如图 10-4 所示。

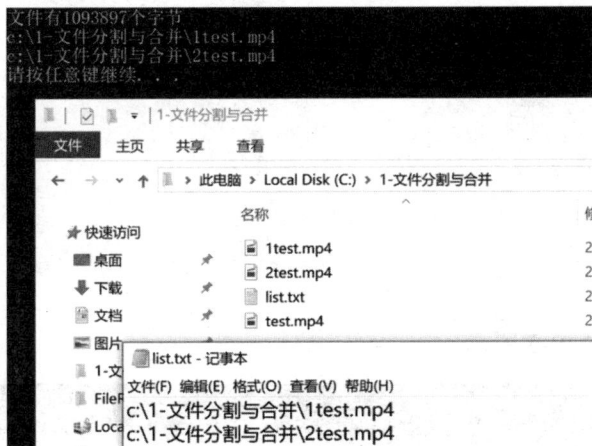

图 10-4　分割文件的运行结果

合并文件的源程序如下：

```
#define _CRT_SECURE_NO_WARNINGS
#include <stdio.h>
#include <stdlib.h>
```

```
#include <string.h>
//文件合并
main()
{
  char path[100]="c:\\1-文件分割与合并\\list.txt";          //文件的路径
  FILE *fpr=fopen(path,"r");                              //以只读的方式打开文件
  char allpath[100]="c:\\1-文件分割与合并\\test-all.mp4";    //合并后的文件
  FILE *fpw=fopen(allpath,"wb");           //按照二进制写入方式打开合并的文件
  char temppath[200];
  while(fgets(temppath,200,fpr))
  //不断地循环获取路径,fgets()读到字符串值为非0，读不到字符串值或到末尾值为0
  {
    printf("%s",temppath);                              //字符串有换行符
    int len=strlen(temppath);                           //读取字符串的长度
    temppath[len-1]='\0';                               //将换行符替换为'\0'
    {
      FILE *fpb=fopen(temppath,"rb");                   //按照二进制读取方式打开文件
      int ich=fgetc(fpb);                               //读取一个字符
      while(!feof(fpb))                                 //没有到文件结束就继续读取
      {
        fputc(ich,fpw);                                 //写入要合并的文件
        ich=fgetc(fpb);
      }
      fclose(fpb);                                      //结束读取
    }
  }
  fclose(fpw);                                          //关闭要合并的文件的文件指针
  fclose(fpr);                                          //关闭list.txt的文件指针
  system("pause");
}
```

程序运行结果如图 10-5 所示。

图 10-5　合并文件的运行结果

# 习 题

## 一、选择题

1. 打开一个已经存在的非空文件"FILE"并进行修改的正确语句是（　　　）

    A. fp = fopen（"FILE"，"r"）;　　　B. fp = fopen（"FILE"，"a +"）;

    C. fp = fopen（"FILE"，"w +"）;　　　D. fp = fopen（"FILE"，"r +"）;

2. 有以下程序

```
#include
void WriteStr (char *fn,char *str)
{
  FILE *fp;
  fp=fopen (fn,"w") ;fputs (str,fp) ;fclose (fp) ;
}
main ()
{
  WriteStr ("t1.dat","start") ;
  WriteStr ("t1.dat","end") ;
}
```

程序运行后，文件 t1.dat 中的内容是（　　　）。

    A. start　　　　B. end　　　　C. startend　　　　D. endrt

3. 以下函数不能用于向文件写入数据的是（　　　）。

    A. ftell（）　　　B. fwrite（）　　　C. fputc（）　　　D. fprintf（）

4. 下列叙述中错误的是（　　　）。

    A. 计算机不能直接执行用 C 语言编写的源程序

    B. C 程序经 C 编译程序编译后，生成后缀为.obj 的文件是一个二进制文件

    C. 后缀为.obj 的文件，经连接程序生成后缀为.exe 的文件是一个二进制文件

    D. 后缀为.obj 和.exe 的二进制文件都可以直接运行

5. 以下叙述中错误的是（　　　）。

    A. C 语言中对二进制文件的访问速度比文本文件快

    B. C 语言中，随机文件以二进制代码形式存储数据

    C. 语句 "FILE fp;" 定义了一个名为 fp 的文件指针

    D. C 语言中的文本文件以 ASCII 形式存储数据

6. 若 fp 是指向某文件的指针，且已读到文件末尾，则库函数 feof（fp）的返回值是
（　　　）。

    A. EOF　　　　B. -1　　　　C. 1　　　　D. NULL

7. 有以下程序

```
#include <stdio.h>
main()
{
```

```
FILE *f;
f=fopen("filea.txt","w");
fprintf(f,"abc");
fclose(f);
}
```

若文本文件 filea.txt 中原有内容为：hello，则运行以上程序后，文件 filea.txt 中的内容不包含（      ）。

    A．helloabc      B．abclo      C．abe      D．abehello

8．已知函数的调用形式：

```
fread(buffer,size, count, fp);
```

其中 buffer 是（      ）。

    A．一个整型变量，代表要读入的数据项总数

    B．一个文件指针，指向要读的文件

    C．一个指针，是指向的输入数据放在内存中的起始位置

    D．一个存储区，存放要读取的数据项

9．以下与函数 fseek（fp，0L，SEEK_SET）有相同作用的是函数（      ）。

    A．feof（fp）      B．ftell（fp）      C．fgetc（fp）      D．rewind（fp）

10．函数 fgets（str，n，fp）从文件中读入一个字符串，以下错误的叙述是（      ）。

    A．字符串读入后会自动加入'\0'

    B．fp 是指向该文件的文件型指针

    C．fgets（）将从文件中最多读入 n 个字符

    D．fgcts（）将从文件中最多读入 n－1 个字符

11．若 fp 已正确定义并指向某个文件，当未遇到该文件结束标志时函数 feof（fp）的值为（      ）。

    A．0      B．1      C．－1      D．一个非 0 值

12．在 C 语言中，函数返回值的类型最终取决于（      ）。

    A．函数定义时在函数首部所说明的函数类型

    B．return 语句中表达式值的类型

    C．调用函数时主函数所传递的实参类型

    D．函数定义时形参的类型

13．设文件 test.txt 中已写入字符串"Begin"，执行以下程序后，文件中的内容为（      ）。

```
#include
main()
{
file *fp;
fp=fopen("test.txt","w+");
fputs("test",fp);
fclose(fp);
}
```

A．begin          B．test          C．test.txt          D．Begin

14．设 fp 已定义，执行语句：

```
fp=fope("file", "w:);
```

以下针对文本文件 file 操作叙述的选项中正确的是（      ）。

A．写操作结束后可以从头开始读      B．只能写不能读

C．可以在原有内容后追加写          D．可以随意读和写

**二、程序设计题**

1．编写程序实现，从键盘输入一个字符串，将大写字母全部转换成小写，然后输出到文件 file.txt 中。输入的字符串以"*"作为结束标志。

2．编写程序实现，从终端读入 10 个整数，然后以二进制形式写入文件 binary.bi 中。

3．统计一篇英文文章中小写字符的个数及文章中句子的个数（句子的结束标志是句点后跟一个或多个空格）。

# 附录 I

## C 语言关键字

ANSI 标准推荐的 C 语言关键字共有 32 个，根据关键字的作用，可分为数据类型关键字、控制语句关键字、存储类型关键字和其他关键字。

| 类别 | 序号 | 关键字 | 说明 |
|---|---|---|---|
| 数据类型关键字（12 个） | 1 | char | 声明字符型变量或函数 |
| | 2 | double | 声明双精度变量或函数 |
| | 3 | enum | 声明枚举类型 |
| | 4 | float | 声明浮点型变量或函数 |
| | 5 | int | 声明整型变量或函数 |
| | 6 | long | 声明长整型变量或函数 |
| | 7 | short | 声明短整型变量或函数 |
| | 8 | signed | 声明有符号类型变量或函数 |
| | 9 | struct | 声明结构体变量或函数 |
| | 10 | union | 声明共用体（联合）数据类型 |
| | 11 | unsigned | 声明无符号类型变量或函数 |
| | 12 | void | 声明无返回值或无参数函数，以及无类型指针 |
| 控制语句关键字（12 个） | 13 | for | 循环语句 |
| | 14 | do | 循环语句的循环体 |
| | 15 | while | 循环语句的循环条件 |
| | 16 | break | 跳出当前循环（在 switch 语句中，结束当前语句） |
| | 17 | continue | 结束当前循环，开始下一轮循环 |
| | 18 | if | 条件语句 |
| | 19 | else | 条件语句否定分支（与 if 连用） |
| | 20 | goto | 无条件跳转语句 |
| | 21 | switch | 开关语句 |
| | 22 | case | 开关语句分支 |
| | 23 | default | 开关语句中的其他分支 |
| | 24 | return | 函数返回语句 |

| 类别 | 序号 | 关键字 | 说明 |
|---|---|---|---|
| 存储类型<br>关键字<br>（4个） | 25 | auto | 声明自动变量，一般省略 |
| | 26 | extern | 在其他文件中声明变量，也可以看作引用变量 |
| | 27 | register | 声明寄存器变量 |
| | 28 | static | 声明静态变量 |
| 其他关键字<br>（4个） | 29 | const | 声明只读变量 |
| | 30 | sizeof | 计算数据类型长度 |
| | 31 | typedef | 给数据类型取别名 |
| | 32 | volatile | 说明变量在程序执行中可被隐含地改变 |

# 附录 II

## 常用 ASCII 对照表

常用 ASCII 为非控制字符。

| 非控制字符 | ASCII 码值 | | | 非控制字符 | ASCII 码值 | | | 非控制字符 | ASCII 码值 | | | 非控制字符 | ASCII 码值 | | |
|---|---|---|---|---|---|---|---|---|---|---|---|---|---|---|---|
| | 十进制 | 八进制 | 十六进制 | | 十进制 | 八进制 | 十六进制 | | 十进制 | 八进制 | 十六进制 | | 十进制 | 八进制 | 十六进制 |
| （space） | 32 | 40 | 20 | 8 | 56 | 70 | 38 | P | 80 | 120 | 50 | h | 104 | 150 | 68 |
| ! | 33 | 41 | 21 | 9 | 57 | 71 | 39 | Q | 81 | 121 | 51 | i | 105 | 151 | 69 |
| " | 34 | 42 | 22 | : | 58 | 72 | 3a | R | 82 | 122 | 52 | j | 106 | 152 | 6a |
| # | 35 | 43 | 23 | ; | 59 | 73 | 3b | S | 83 | 123 | 53 | k | 107 | 153 | 6b |
| $ | 36 | 44 | 24 | < | 60 | 74 | 3c | T | 84 | 124 | 54 | l | 108 | 154 | 6c |
| % | 37 | 45 | 25 | = | 61 | 75 | 3d | U | 85 | 125 | 55 | m | 109 | 155 | 6d |
| & | 38 | 46 | 26 | > | 62 | 76 | 3e | V | 86 | 126 | 56 | n | 110 | 156 | 6e |
| ' | 39 | 47 | 27 | ? | 63 | 77 | 3f | W | 87 | 127 | 57 | o | 111 | 157 | 6f |
| ( | 40 | 50 | 28 | @ | 64 | 100 | 40 | X | 88 | 130 | 58 | p | 112 | 160 | 70 |
| ) | 41 | 51 | 29 | A | 65 | 101 | 41 | Y | 89 | 131 | 59 | q | 113 | 161 | 71 |
| * | 42 | 52 | 2a | B | 66 | 102 | 42 | Z | 90 | 132 | 5a | r | 114 | 162 | 72 |
| + | 43 | 53 | 2b | C | 67 | 103 | 43 | [ | 91 | 133 | 5b | s | 115 | 163 | 73 |
| , | 44 | 54 | 2c | D | 68 | 104 | 44 | \ | 92 | 134 | 5c | t | 116 | 164 | 74 |
| - | 45 | 55 | 2d | E | 69 | 105 | 45 | ] | 93 | 135 | 5d | u | 117 | 165 | 75 |
| . | 46 | 56 | 2e | F | 70 | 106 | 46 | ^ | 94 | 136 | 5e | v | 118 | 166 | 76 |
| / | 47 | 57 | 2f | G | 71 | 107 | 47 | _ | 95 | 137 | 5f | w | 119 | 167 | 77 |
| 0 | 48 | 60 | 30 | H | 72 | 110 | 48 | ` | 96 | 140 | 60 | x | 120 | 170 | 78 |
| 1 | 49 | 61 | 31 | I | 73 | 111 | 49 | a | 97 | 141 | 61 | y | 121 | 171 | 79 |
| 2 | 50 | 62 | 32 | J | 74 | 112 | 4a | b | 98 | 142 | 62 | z | 122 | 172 | 7a |
| 3 | 51 | 63 | 33 | K | 75 | 113 | 4b | c | 99 | 143 | 63 | { | 123 | 173 | 7b |
| 4 | 52 | 64 | 34 | L | 76 | 114 | 4c | d | 100 | 144 | 64 | \| | 124 | 174 | 7c |
| 5 | 53 | 65 | 35 | M | 77 | 115 | 4d | e | 101 | 145 | 65 | } | 125 | 175 | 7d |
| 6 | 54 | 66 | 36 | N | 78 | 116 | 4e | f | 102 | 146 | 66 | ~ | 126 | 176 | 7e |
| 7 | 55 | 67 | 37 | O | 79 | 117 | 4f | g | 103 | 147 | 67 | ⌂ | 127 | 177 | 7f |

# 附录 III

## 运算符的优先级和结合方向

| 优先级 | 运算符 | 结合方向 | 含义 | 使用形式 | 说明 |
|---|---|---|---|---|---|
| 1<br>（最高） | ( ) | 自左至右 | 圆括号运算符 | （表达式） 或 函数名（参数表） | |
| | [] | | 数组下标运算符 | 数组名[常量表达式] | |
| | . | | 结构体成员运算符 | 结构体变量.成员名 | |
| | -> | | 指向结构体成员运算符 | 结构体指针变量->成员名 | |
| 2 | ! | 自右至左 | 逻辑非运算符 | !表达式 | 单目<br>运算 |
| | ~ | | 按位取反运算符 | ~表达式 | |
| | + | | 求正运算符 | +表达式 | |
| | － | | 负号运算符 | －表达式 | |
| | ++ | | 自增运算符 | ++变量 或 变量++ | |
| | —— | | 自减运算符 | ——变量 或 变量—— | |
| | ( ) | | 强制类型转换运算符 | （数据类型）表达式 | |
| | * | | 间接（取值）运算符 | *指针变量 | |
| | & | | 取地址运算符 | &变量 | |
| | sizeof | | 求所占字节数运算符 | sizeof（表达式）或 sizeof（类型） | |
| 3 | * | 自左至右 | 乘法运算符 | 表达式1*表达式2 | 双目<br>运算 |
| | / | | 除法运算符 | 表达式1/表达式2 | |
| | % | | 求余运算符 | 整型表达式1%整型表达式2 | |
| 4 | + | | 加法运算符 | 表达式1+表达式2 | |
| | － | | 减法运算符 | 表达式1－表达式2 | |
| 5 | << | | 左移位运算符 | 变量<<表达式 | |
| | >> | | 右移位运算符 | 变量>>表达式 | |
| 6 | > | | 大于运算符 | 表达式1>表达式2 | |
| | >= | | 大于等于运算符 | 表达式1>=表达式2 | |
| | < | | 小于运算符 | 表达式1<表达式2 | |
| | <= | | 小于等于运算符 | 表达式1<=表达式2 | |
| 7 | == | | 等于运算符 | 表达式1==表达式2 | |
| | != | | 不等于运算符 | 表达式1!=表达式2 | |

| 优先级 | 运算符 | 结合方向 | 含 义 | 使用形式 | 说明 |
|---|---|---|---|---|---|
| 8 | & | | 按位"与"运算符 | 表达式1&表达式2 | |
| 9 | ^ | | 按位"异或"运算符 | 表达式1^表达式2 | |
| 10 | \| | 自左至右 | 按位"或"运算符 | 表达式1\|表达式2 | |
| 11 | && | | 逻辑"与"运算符 | 表达式1&&表达式2 | |
| 12 | \|\| | | 逻辑"或"运算符 | 表达式1\|\|表达式2 | |
| 13 | ?: | 自右至左 | 条件运算符 | 表达式1?表达式2：表达式3 | 三目运算 |
| 14 | = | 自右至左 | 赋值运算符 | 变量=表达式 | 双目运算 |
| | += | | 加后赋值运算符 | 变量+=表达式 | |
| | −= | | 减后赋值运算符 | 变量−=表达式 | |
| | *= | | 乘后赋值运算符 | 变量*=表达式 | |
| | /= | | 除后赋值运算符 | 变量/=表达式 | |
| | %= | | 求余后赋值运算符 | 变量%=表达式 | |
| | &= | | 按位与后赋值运算符 | 变量&=表达式 | |
| | ^= | | 按位异或后赋值运算符 | 变量^=表达式 | |
| | \|= | | 按位或后赋值运算符 | 变量\|=表达式 | |
| | <<= | | 左移后赋值运算符 | 变量<<=表达式 | |
| | >>= | | 右移后赋值运算符 | 变量>>=表达式 | |
| 15（最低） | , | 自左至右 | 逗号运算符（从左向右顺序计算各表达式的值） | 表达式1,表达式2，…，表达式n | |

**说明：**对于同优先级的各运算符，运算次序按其结合方向进行。

# 附录 IV

## C 语言常用库函数

### 1. 输入/输出函数（#include <stdio.h>）

| 函数名称 | 函数原型 | 函数功能 | 返回值 |
|---|---|---|---|
| fclose | int fclose（FILE *fp）; | 关闭 fp 所指的文件 | 出错返回非 0 值，否则返回 0 |
| feof | int feof（FILE *fp）; | 判断文件是否结束 | 文件结束返回非 0 值，否则返回 0 |
| fgetc | int fegtc（FILE *fp）; | 从 fp 所指文件中获取一个字符 | 出错返回 EOF，否则返回所读的字符 |
| fgets | char *fgets（char *str， int n，FILE *fp）; | 从 fp 所指的文件中读取一个长度为 n − 1 的字符串，存储到 str 所指的存储区 | 返回 str 所指存储区的首地址。若读取时遇文件结束或读取出错，则返回 NULL |
| fopen | FILE *fopen（char *filename，char *mode）; | 以 mode 指定方式打开名为 filename 的文件 | 打开成功，返回文件信息区的起始地址。否则返回 NULL |
| fprintf | int fprintf（FILE *fp， char *format，args，…）; | 把参数表的值以 format 指定的格式输出到 fp 所指的文件中 | 返回实际输出的字符数 |
| fputc | int fputc（char ch， FILE *fp）; | 将字符 ch 输出到 fp 所指的文件中 | 成功则返回 ch，否则返回 0 |
| fputs | int fputs（char *str， FILE *fp）; | 将 str 所指的字符串输出到 fp 所指的文件中 | 成功则返回非 0 值（写入的字符数），否则返回 0 |
| fread | int fread（char *str， unsigned size，unsigned n， FILE *fp）; | 从 fp 所指的文件中读取长度为 size 的 n 个数据块，并存储到 str 所指的存储区中 | 成功则返回读取的数据块个数，若遇文件结束或出错，则返回 0 |
| fscanf | int fscanf（FILE *fp，char *format，args，…）; | 从 fp 所指的文件中按 format 指定的格式读取数据，并将各数据存储到 args 所指的内存空间中 | 成功则返回读取的数据个数，遇文件结束或出错，则返回 0 |
| fseek | int fseek（FILE *fp，long offer， int base）; | 将 fp 所指文件的位置指针从 base 位置移动 offer 个字节 | 成功则返回移动后的位置，否则返回 EOF |
| ftell | long ftell（FILE *fp）; | 计算出 fp 所指文件当前的读写位置 | 返回当前位置 |
| fwrite | int fwrite（char *str，unsigned size，unsigned n，FILE *fp）; | 将 str 所指的 n*size 个字节的内容输出到 fp 所指的文件中 | 输出的数据块个数 |
| getchar | int getchar（void） | 从键盘上读取一个字符 | 成功则返回所读字符，否则返回 EOF |

| 函数名称 | 函数原型 | 函数功能 | 返回值 |
|---|---|---|---|
| gets | char *gets（char *str）; | 从键盘读取一个字符串，并存储到 str 所指的存储区中 | 成功则返回 str，否则返回 NULL |
| printf | int printf（char *format，args，…）; | 将参数表的值以 format 指定的格式输出到屏幕上 | 输出字符的个数 |
| putchar | int putchar（char ch）; | 将字符 ch 输出到屏幕上 | 成功则返回 ch，否则返回 EOF |
| puts | int puts（char *str）; | 将 str 所指的字符串输出到屏幕上，并将'\0'转换为回车换行符输出 | 成功则返回换行符，否则返回 EOF |
| rename | int rename（char *sourcename，char *targetname）; | 将 sourcename 所指的文件名改为 targetname 所指的文件名 | 成功则返回 0，否则返回 EOF |
| rewind | void rewind（FILE *fp）; | 将 fp 所指文件的位置指针复位到文件头 | 无 |
| scanf | int scanf（char *format，args，…）; | 从键盘上按 format 指定的格式输入数据，并将各数据存储到参数指定的存储区中 | 成功则返回输入的数据个数，否则返回 0 |

## 2. 数学函数（#include <math.h>）

| 函数名称 | 函数原型 | 函数功能 | 返回值 | 参数说明 |
|---|---|---|---|---|
| abs | int abs（int x）; | 计算$|x|$ | 计算结果 | $-32768 <= x <= 32767$ |
| acos | double acos（double x）; | 计算 arccos（x） | 计算结果 | $-1 <= x <= 1$ |
| asin | double asin（double x）; | 计算 arcsin（x） | 计算结果 | $-1 <= x <= 1$ |
| atan | double atan（double x）; | 计算 arctg（x） | 计算结果 | |
| cos | double cos（double x）; | 计算 cos（x） | 计算结果 | x 的单位为弧度 |
| exp | double exp（double x）; | 计算 $e^x$ | 计算结果 | |
| fabs | double fabs（double x）; | 计算$|x|$ | 计算结果 | |
| log | double log（double x）; | 计算 ln（x） | 计算结果 | x 必须为正数 |
| log10 | double log10（double x）; | 计算 lg（x） | 计算结果 | x 必须为正数 |
| pow | double pow（double x，double y）; | 计算 $x^y$ | 计算结果 | |
| sin | double sin（double x）; | 计算 sin（x） | 计算结果 | x 的单位为弧度 |
| sqrt | double sqrt（double x）; | 计算$\sqrt{x}$ | 计算结果 | $x >= 0$ |
| tan | double tan（double x）; | 计算 tg（x） | 计算结果 | x 的单位为弧度 |

## 3. 字符串函数（#include <string.h>）

| 函数名称 | 函数原型 | 函数功能 | 返回值 |
|---|---|---|---|
| strcat | char *strcat（char *str1，char *str2）; | 将 str2 所指字符串连接到 str1 后面 | str1 所指字符串的首地址 |
| strchr | char *strchr（char *str，int ch）; | 在 str 所指字符串中找出第一次出现字符 ch 的位置 | 找到则返回该位置的地址，否则返回 NULL |
| strcmp | int strcmp（char *str1，char *str2）; | 比较 str1 及 str2 所指的字符串的关系 | str1 < str2 时返回负数，str1 == str2 时返回 0，str1 > str2 时返回正数 |

| 函数名称 | 函数原型 | 函数功能 | 返回值 |
|---|---|---|---|
| strcpy | char *strcpy（char *str1，char *str2）; | 将 str2 所指字符串复制到 str1 所指的内存空间中 | str1 所指内存空间的首地址 |
| strlen | unsigned strlen（char *str）; | 计算 str 所指字符串的长度 | 返回有效字符的个数（不包括'\0'在内） |
| strlwr | char *strlwr（char *str）; | 将 str 所指字符串中的大写英文字母全部转换为小写英文字母 | str 所指字符串的首地址 |
| strstr | char *strstr（char *str1，char *str2）; | 在 str1 所指字符串中查找 str2 所指字符串第一次出现的位置 | 找到则返回该位置的地址，否则返回 NULL |
| strupr | char *strupr（char *str）; | 将 str 所指字符串中的小写英文字母全部转换为大写英文字母 | str 所指字符串的首地址 |

### 4. 类型判断函数（#include <ctype.h>）

| 函数名称 | 函数原型 | 函数功能 | 返回值 |
|---|---|---|---|
| isalnum | int isalnum（int ch ）; | 判断 ch 是否为字母或数字 | 是则返回 1，否则返回 0 |
| isalpha | int isalpha（int ch ）; | 判断 ch 是否为字母 | 是则返回 1，否则返回 0 |
| iscntrl | int iscntrl（int ch）; | 判断 ch 是否为控制字符 | 是则返回 1，否则返回 0 |
| isdigit | int isdigit（int ch）; | 判断 ch 是否为数字 | 是则返回 1，否则返回 0 |
| islower | int islower（int ch）; | 判断 ch 是否为小写字母 | 是则返回 1，否则返回 0 |
| isspace | int isspace（int ch）; | 判断 ch 是否为空格、制表符或换行符 | 是则返回 1，否则返回 0 |
| isupper | int isupper（int ch）; | 判断 ch 是否为大写字母 | 是则返回 1，否则返回 0 |
| isxdigit | int isxdigit（int ch）; | 判断 ch 是否为十六进制数字 | 是则返回 1，否则返回 0 |
| toascii | int toascii（int ch）; | 将 ch 转换为 ASCII | 返回对应的 ASCII |
| tolower | int tolower（int ch）; | 将 ch 转换成小写字母 | 返回对应的小写字母 |
| toupper | int toupper（int ch）; | 将 ch 转换成小写字母 | 返回对应的大写字母 |

### 5. 动态分配函数和随机函数（#include <stdlib.h>）

| 函数名称 | 函数原型 | 函数功能 | 返回值 |
|---|---|---|---|
| atof | double atof（char *str）; | 将 str 所指字符串转换为 double 类型数据 | 成功则返回转换后的值，不成功则返回 0 |
| atoi | int atoi（char *str）; | 将 str 所指字符转换为 int 类型数据 | 成功则返回转换后的值，不成功则返回 0 |
| atol | long atoll（char *str）; | 将 str 所指字符转换为 long 类型数据 | 成功则返回转换后的值，不成功则返回 0 |
| calloc | void *calloc（ unsigned ntimes，unsigned size）; | 分配 ntimes 个数据项的内存空间，每个数据项占 size 个字节 | 成功则返回分配到的首地址，否则返回 0 |
| exit | void exit（int status）; | 根据 status 的状态终止程序 | 无 |
| free | void free（void *ptr）; | 释放已分配的 ptr 所指的内存块 | 无 |
| malloc | void *malloc（unsigned size）; | 申请分配 size 字节的内存 | 成功则返回分配到的首地址，否则返回 NULL |
| rand | int rand（void）; | 产生 0～32 767 的随机数 | 返回所产生的整数 |
| srand | void srand（unsigned seed）; | 建立随机数序列的起点，即种随机种子 | 无 |
| system | void system（char *command）; | 执行 command 所指的 DOS 命令 | 命令合法则执行，否则输出错误提示 |

说明：①使用 srand 函数时，其参数通常使用 time（NULL），因此，还需要包含头文件 time.h。

②在 VC++6.0 中，exit 和 system 函数声明在 process.h 中。

### 6. 图形处理函数（#include <graphics.h>）

| 函数名称 | 函数原型 | 函数功能 | 返回值 |
|---|---|---|---|
| circle | void circle（int x, int y, int radius）; | 以点（x, y）为圆心，画半径为 radius 的圆 | 无 |
| cleardevice | void cleardevice（void）; | 清除图形屏幕 | 无 |
| closegraph | void closegraph（void）; | 关闭图形系统 | 无 |
| detectgraph | void detectgraph（int *graphdriver, int *graphmode）; | 通过检测硬件，确定图形驱动程序和模式 | 无 |
| initgraph | void initgraph（int * raphdriver, int *graphmode, char *pathtodriver）; | 初始化图形系统 | 无 |
| getbkcolor | int getbkcolor（void）; | 返回现行背景颜色值 | 颜色值 |
| getcolor | int getcolor（void）; | 返回现行前景颜色值 | 颜色值 |
| getmaxcolor | int getmaxcolor（void）; | 返回最高可用的颜色值 | 颜色值 |
| line | void line（int x0, int y0, int x1, int y1）; | 从（x0, y0）画直线到点（x1, y1） | 无 |
| lineto | void lineto（int x, int y）; | 从当前点画直线到点（x, y） | 无 |
| rectangle | void rectangle（int x1, int y1, int x2, inty2）; | 以点（x1, y1）为左上角，点（x2, y2）为右下角画一个矩形框 | 无 |
| setlinestyle | void setlinestyle（int linestyle, unsigned upattern, int thickness）; | 设定作图时的线型 | 无 |
| setfillstyle | void setfillstyle（int pattern, int color）; | 设定作图时填充图形内部用的模式和颜色 | 无 |

### 7. 时间函数（#include <time.h>）

| 函数名称 | 函数原型 | 函数功能 | 返回值 |
|---|---|---|---|
| asctime | char *asctime（struct tm *tblock）; | 将 tblock 所指结构体中的日期和时间转换为字符串 | 转换后的字符串的首地址 |
| ctime | char *ctime（time_t *time）; | 把 time 所指的整数转换为时间字符串 | 转换后的字符串的首地址 |
| difftime | double difftime（time_t time2, time_t time1）; | 计算两个时间之差 | 时间的差值 |
| gmtime | struct tm *gmtime（time_t *clock）; | 把 clock 所指的整数日期和时间转换为格林尼治时间 | 转换后的时间（存储在结构体中） |
| localtime | struct tm *localtime（time_t *clock）; | 把 clock 所指的整数日期和时间转换为当地时间 | 转换后的时间（存储在结构体中） |
| time | time_t time（time_t *timer）; | 将现在的时间转换为从 1970 年 1 月 1 日 0 时起的秒数 | 转换后的秒数 |
| clock | clock_t clock（void）; | 确定处理器时间 | 返回处理所耗时间 |

### 8. 函数 printf（）常用的格式说明及其功能

| 格式说明 | 功能 |
|---|---|
| %d | 以带符号的十进制形式输出整数（只输出负数的符号，正数不输出符号） |
| %f（%lf） | 以小数形式输出单、双精度实型数，默认为 6 位小数 |
| %c | 以字符形式输出 |
| %s | 以字符串形式输出（只能用于输出字符串） |
| %u | 以无符号的十进制形式输出整数 |
| %o | 以无符号八进制形式输出整数 |
| %x | 以无符号十六进制形式输出整数 |
| %p | 以十六进制形式输出变量的地址 |
| %% | 输出一个百分号（%） |
| %e | 以指数形式输出单、双精度实型数 |

# 参 考 文 献

[1] 胡春安，欧阳城添，王俊岭. C 语言程序设计教程（附微课视频）[M]. 北京：人民邮电出版社，2017.

[2] 徐国华，王瑶，侯小毛. C 语言程序设计（慕课版）[M]. 北京：人民邮电出版社，2017.

[3] 钱雪忠，吕莹楠，高婷婷. 新编 C 语言程序设计教程[M]. 北京：机械工业出版社，2013.

[4] 周屹，李萍. C 语言程序设计与实训[M]. 2 版. 北京：机械工业出版社，2020.

[5] 解红. 程序设计基础实验教程（C 语言）[M]. 北京：清华大学出版社，2011.

[6] 马靖善，秦玉平. C 语言程序设计[M]. 2 版. 北京：清华大学出版社，2011.

[7] 谭浩强. C 程序设计[M]. 5 版. 北京：清华大学出版社，2017.

[8] 常东超，等. C 程序设计教程[M]. 北京：清华大学出版社，2010.